中国社会科学院创新工程学术出版资助项目

# 跨学科研究的理论与实践

## 基于研究文献的考察

唐磊　刘霓　高媛　陈源 ◎ 著

中国社会科学出版社

# 图书在版编目(CIP)数据

跨学科研究的理论与实践:基于研究文献的考察/唐磊等著. —北京:中国社会科学出版社,2016.5

ISBN 978 - 7 - 5161 - 7763 - 1

Ⅰ.①跨… Ⅱ.①唐… Ⅲ.①科学研究 Ⅳ.①G3

中国版本图书馆 CIP 数据核字(2016)第 051468 号

---

| | | |
|---|---|---|
| 出 版 人 | 赵剑英 |
| 责任编辑 | 郭晓鸿 |
| 特约编辑 | 席建海 |
| 责任校对 | 韩海超 |
| 责任印制 | 戴 宽 |

---

| | | |
|---|---|---|
| 出 版 | 中国社会科学出版社 |
| 社 址 | 北京鼓楼西大街甲 158 号 |
| 邮 编 | 100720 |
| 网 址 | http://www.csspw.cn |
| 发 行 部 | 010 - 84083685 |
| 门 市 部 | 010 - 84029450 |
| 经 销 | 新华书店及其他书店 |

---

| | | |
|---|---|---|
| 印刷装订 | 北京明恒达印务有限公司 |
| 版 次 | 2016 年 5 月第 1 版 |
| 印 次 | 2016 年 5 月第 1 次印刷 |

---

| | | |
|---|---|---|
| 开 本 | 880×1230 1/32 |
| 印 张 | 8.875 |
| 插 页 | 2 |
| 字 数 | 206 千字 |
| 定 价 | 48.00 元 |

---

凡购买中国社会科学出版社图书,如有质量问题请与本社营销中心联系调换

电话:010 - 84083683

# 目录

1

# 第一章　理解跨学科研究:起源与概念

## 第一节　知识生产:从学科到跨学科

西方学术界对"跨学科研究"（interdisciplinary studies）的关注和推动，在 20 世纪 20 年代就已十分显著[①]，从这个意义上说，整个 20 世纪并不仅仅是学科制度与学科知识持续积累、强化的时期，同时也是跨学科研究的成长与发展期。经过近一个世纪的积累，跨学科研究在西方学术界不仅取得了丰硕的成果，同时也磨合出一套完整的机制，并嵌入教育、科研、评估、出版等知识生产的各个环节中。

虽然这一知识生产链条依旧构筑在学科体系的基础之上，并且有关跨学科研究的争议始终存在，评估跨学科研究的手段也不够成熟，但总是企图突破学科疆界的跨学科研究还是顽强的确立了自己的地位，并在当代知识社会（knowl-

---

[①]　美国于 20 世纪 20 年代成立的社会科学研究会（SSRC），其主要宗旨之一就是促进日益割裂的专科知识相互整合。

edge society）显示出其独特的价值。跨学科研究的蓬勃发展也说明，它并不应只被简单视为学科体系张力的衍生物，而应当同学科知识一起作为我们开拓知识领域的重要途径和基本理念。

## 一 从理解学科开始

"interdisciplinary studies"被习惯译作"跨学科研究"①，从构词法看，"interdisciplinary"（包括连属的"interdisciplinarity"，多译作"跨学科性"）是由前缀 inter-与名词 discipline 构成。其中，"discipline"源自拉丁文的"disciplina"和"discipulus"，前者指教导，暗含着获得他人所不拥有的专门知识的意味，后者指教导的对象，由此发展出它在现代的两重主要词义，即"学科"和"规训"②。这恰恰反映出学科不仅是一套知识的分类体系，同时也是具有约束力和引导力的社会建制的双重特点。

学者纽厄尔（William H. Newell）指出："理解跨学科研究

---

① 有的学者将"interdisciplinary""interdisciplinarity"译为"学科互涉（性）"，台湾学者多采用这一译法，或称作"科际互涉"，大陆学者蒋智芹翻译美国学者 Julie Thompson Klein 所著 *Crossing Boundaries: Knowledge, Disciplinarities, and Interdisciplinarities* 一书（《跨越边界——知识、学科、学科互涉》，南京大学出版社 2005 年版）也采用这一译法，笔者认同这一译法的合理性乃至优越性，不过考虑到"跨学科"已为大多数学者所接受，姑且从之，但引文若为"学科互涉"，则一遵其旧。

② "discipline"的第二类词义包含纪律、训诫、教导等义项，米歇尔·福柯（Michel Foucault）在《规训与惩罚》（*Discipline and Punish*）中赋予它一种新的意义，并且借此揭示了现代社会权力与知识生产的关系，国内将福柯的这一术语常译为"规训"，这里也借用此译法，以体现学科的社会建制属性。

中学科的角色是理解跨学科的关键。"① 因此，在进一步了解跨学科研究之前，我们有必要先清理一下学科发展的历史线索及其认知—社会属性。

早在两千多年前，亚里士多德就在西方文明史上首次对人类知识进行了全面、系统的分类，并创立了一个相对完整的古典学科知识体系，该体系包括以真理为目的的"理论科学"（包括数学、物理学和形而上学），以规范人类行止为目的的"实践科学"（包括伦理学、政治学、经济学、修辞学等），以制作外在产品为目的的"创制科学"（如种植学、工程学、诗学等）。除了在认知体系上的分类，古希腊人还确立了教育上的课程体系。柏拉图在自己的学园实行了针对自由民的"自由七科"：文法、逻辑、修辞（由智者派提出）几何、天文、算术、音乐（由柏拉图总结）。这一课程体系到 12、13 世纪仍被当时新兴的大学所使用。②

直到中世纪晚期，出于新兴职业和教会及政府的外部需求，在大学中才产生了新的学科，包括神学、艺术、法律和药学。③ 文艺复兴时期，在经济社会新形势重新开掘古典文化的

①　William H. Newell，Professionalizing Interdisiplinarity：Literature Review and Research Agenda. in William H. Newell（ed.），*Interdisciplinary*：*Essays from the Literature*，New York：College Entrance Examination Board，1998，p. 533.

②　中世纪教会学校和新兴大学的"博雅七艺"（Liberal Arts）与柏拉图提倡的"自由七艺"在内容上有明显不同，前者的宗教色彩很浓，但基本体系仍是继承古希腊传统。

③　Julie Thompson Klein，*Interdisciplinarity*：*History*，*Theory*，*and Practice*，Detroit：Wayne State University Press，1990，p. 20.

刺激下，学校的课程科目体系再次发生变革，源自希腊时代的
"博雅七艺"地位不再那么突出，文法科分化为文法、文学和
历史三科，几何科分化为几何与地理，天文科分化为天文与机
械，数学也独立成为一门科目，希腊文、希伯来文，乃至各国
的本国语言都逐渐成为各大学和城市学校的固定科目。①也正
是在这段时期，"discipline"被固定用于指称这些科目而具有
了"学科"的义含。但此时整个世界的知识生产体系仍处于前
学科（pre-disciplinary）状态。

　　从文艺复兴到工业革命的数百年，是人类知识突飞猛进
的时期，人们在了解世界的广度与深度上获得长足进步，知
识与商业、技术的结合在加强人们改造世界能力的同时，也
反过来促进知识自身的不断演化和增长。在这段时期内，对
各类知识重新分类整理的风气从教会、各类学校弥漫到图书
馆、博物馆和出版界，尤其是在17—18世纪纷纷涌现的各
类百科全书，代表了此期知识分类运动的综合性成果。②同
样是在这段时期，现代自然科学的各种门类得以建立，并在
高等学府中取得独立的身份和建制。以成立于1737年的哥
廷根大学为例，其就先后设立了解剖学院、物理—数学学
院、园艺及药剂实验室。③某些新兴的社会科学门类也开始在

---

　　① 毛礼锐、张铭歧：《古代中世纪教育史》，湖北人民出版社1957年版，第
83—89页。
　　② 参见Peter Burke《知识社会史：从古腾堡到狄德罗》第5章，贾士蘅译，
（台北）麦田出版社2003年版。
　　③ Julie Thompson Klein, *Interdisciplinarity：History，Theory，and Practice*,
Detroit：Wayne State University Press，1990，p. 21.

大学中占有一席之地。① 到了 18 世纪晚期，各类学科走向独立已是大势所趋。康德在 1790 年出版的《判断力批判》中就表示："任何一门科学自身都是一个系统；……我们也必须把它当作一个独立的大厦按照建筑术来进行工作，不是像某种附属建筑和当作另一座大厦的一部分那样，而是当作一个独立的整体那样来对待它，尽管我们后来可以从这个大厦到那个大厦或在它们之间交互地建立起一种过渡。"② 但走向独立的自然、人文诸学科开始时其地位并不稳固，康德在晚年发表的《学科间纷争》（*The Conflict of Faculties*，1798）一文中还替自然科学和人文学科地位不如神学、法律和药学打抱不平，想想后三者也不过是中世纪才在大学中出现，可见学科的独立包括其地位的消长都要经历一个过程。

克莱恩（Julie Thompson Klein）认为现代意义上的学科出现于 19 世纪。③ 按照学者们的意见，学科的现代化至少需要从认知和体制两重属性上去认识。④ 从认知角度看，首先，

---

① 例如 18 世纪 20 年代法兰克福大学就成立了"经济学研究室"，50 年代又在那不勒斯的热诺夫斯（Genovesi）出现了欧洲第一个政治经济学讲席。见《知识社会史：从古腾堡到狄德罗》，贾士蘅译，（台北）麦田出版社 2003 年版，第 175—177 页。

② 康德：《判断力批判》，邓晓芒译，人民出版社 2002 年版，第 232 页。

③ Julie Thompson Klein，*Interdisciplinarity*：*History*，*Theory*，*and Practice*，Detroit：Wayne State University Press，1990，p. 21. 她同时指出，推动学科现代化的力量包括：（1）现代自然科学的变革，（2）知识的普遍科学化，（3）工业革命，（4）技术进步，（5）农村地区的不稳定。

④ 有关现代学科的特征与定义有很多说法，学者 Angelique Chettiparamb 做了比较全面的总结（见 Angelique Chettiparamb，*Interdisciplinarity*：*A Literature Review*，*The Interdisciplinary Teaching and Learning Group*，2007.）此处关于学科社会属性引自 Chettiparamb 的总结，而关于学科的认知属性则参考了：Armin Krishnan，*What are Academic Disciplines? Some observations on the Disciplinarity vs Interdisciplinarity debate*，NCRM Working Paper Series，2009（3）。

学科要有独立的研究领域，由于自身边界的存在，我们才能勾勒出现代学科的地缘版图；其次，关于该学科研究对象的专门知识得以积累，这些专门知识并未被其他学科普遍共享；第三，学科有自己独特的概念和理论体系；第四，学科有自洽于研究对象的陈述方式；第五，发展出一套与该学科特殊需求相呼应的研究方法和手段。同时，正如我们所见，并非所有的学校课程、研究领域或者博物馆、图书馆的分类都能成为学科，这意味着学科走向独立和制度化的过程中，因其在社会中形成的特有的知识—权力关系和运作方式而有着特定的路径。

具体来说，一般情况下，由于现代工业社会对知识与技术需求的增长，促使大学与各类职业学校开设相应的专科课程，培养出一批批具有专门知识的人才，同时也带来了相关的专家人群，他们的社会活动赢得更广泛的身份认同，逐渐形成所谓的专业团体，并进而出现专门的学科协会，使这些专家能获得同声相应、同气相求的制度性平台，大学也相应地设置了专门的教席，甚至院系，以适应新兴学科的扩张。通过一系列复杂的社会互动，学科最终得以通过大学科系的形式完成其制度化的过程。① 直到这时，学科才获得稳固的社会地位，它通过建制化的科系不断地培养专门人才进入社会生产体系，以科系和固定的教师科研队伍为其组织争取资源，通过专业协会共享信息和扩大社会影响，从而更加从容地发展自己独特的理论、方法、

---

① 专门教席、专业协会、大学科系都是学科制度化的重要形式，但前二者都并不十分稳固，专门教席可以置换，专业协会组织也相对松散，只有大学科系才是学科最稳定的制度化形式。或者说，前二者可以视作学科出现的一项标志，但判断学科的真正定型还得依据后者。

手段和研究对象。所谓现代意义上的诸"学科"以及它们所具有的"学科性"（Disciplinarity）都应当从以上两个方面来把握，如此我们才能理解：为何 18 世纪中叶就在欧洲出现了政治经济学的专门讲席，而它的专门化（professionalization）即学科化要到 19 世纪末才完成。①

　　19 世纪末到 20 世纪初，新兴学科尤其是现代社会科学诸学科纷纷涌现。以英国为例，皇家人类学院成立于 1871 年，英国心理学会成立于 1901 年，首个社会学教席出现于 1907 年，而首个国际政治学教席由威尔斯大学于 1912 年设立。② 尽管随后的整个 20 世纪持续上演着学科的分分合合，但现代诸学科的形成大致在 20 世纪前 20 年基本完成。这一时期学科数量快速增长的形势，学者奥利尔（Foreword Orrill）总结为："到 1910 年，一般高校都出现了 20 项甚至更多的在 19 世纪 80 年代所没有的新兴课程。"③ 这些学科的产生都要经历学科知识分化和学科建制形成的过程。但并不是说它们能够成为独立学科是一个必然的结果。涂尔干提醒我们："人类思想的类别从不固定于任何一种明确的形式。有人不断地创造类别、取消类别和再创造类别：它们因时因地而变迁。"④ 学科的体

---

　　①　尚有许多类似的例子，比如中世纪后期就出现了历史课程，但直到 19 世纪中叶历史还处于文学学科的附庸之下。

　　②　Armin Krishnan，*What are Academic Disciplines？ Some observations on the Disciplinarity vs Interdisciplinarity debate*，NCRM Working Paper Series.

　　③　R. Foreword Orrill, in Newell：1998, p. xi.

　　④　E. Durkheim，*The Elementary Forms of Religious Life*，English translation，New York：The Free Press，1961，p. 28. 引自《知识社会史：从古腾堡到狄德罗》，贾士蘅译，（台北）麦田出版社 2003 年版，第 149 页。

制化过程存在各自差异,在不同国家的具体路径也不尽相同。<sup>①</sup> 所以,从某种意义上说,现代学科体系的建立又是一个特有的历史结果,并非必然。学者韦克思就径直表示过:"将社会科学的各个学科构建成为一系列相互排斥、彼此泾渭分明的事业的尝试……既是不可能的也是有害的。因为从科学研究工作的系统性和逻辑性分工这一观点来看,那些用以构成社会或行为科学的各学科和科学的存在几乎没有什么意义。社会学、人类学和它们相邻学科并非是社会科学研究系统分工的衍生品,而是一些特定社会进程的随意性结果……"<sup>②</sup> 然而,从另一个角度来看,学科形成过程存在的偶然性也注定了学科自身的开放性,而这种开放性正是跨学科研究得以发展的内在理由之一。

## 二 跨学科的源起与发展

人类对统一性知识的追求是跨学科活动的基础观念,这种观念可以追溯到公元前,例如柏拉图就曾倡导将哲学作为一门统一的科学,而哲学家应被称为能够对知识给予综合的人。然而作为一种现代的、后于学科形式的知识生产方式,跨学科研究出现于 20 世纪。

20 世纪初学科现代化的大潮尚未完全消退之际,跨学科

---

① Peter Wagner, Björn Wittrock, Richard P. Whitley, (eds.), *Discourses on Society: The Shaping of the Social Science Disciplinesed*, Springer, 1990. pp. xiii - xiv. 该书收录的社会科学学科形成的多篇论文也具体地说明了学科产生和制度化的复杂过程。

② 转自托尼·比彻、保罗·特罗勒尔《学术部落及其领地》,第 68 页。

研究已接踵而至。1923 年美国成立的社会科学研究委员会（SSRC）就抱有促进各门社会科学相互交流的目的。[1] 20 世纪 30 年代，至少有数个跨学科研究项目在美国展开，其中包括综合性的美国研究和风行至今的"区域研究"[2]。SSRC 还专门设立了跨学科研究的博士后奖金。各学科的专家通过项目得以整合，围绕共同的研究对象，集中并交流各自的学科知识。学生也通过跨学科的教学项目获得关于特定问题、领域的多学科知识和综合性理解。从那时起，项目制就是促进和实现跨学科研究的学科整合最有效的方式之一。此外，值得一提的是，约翰·霍普金斯大学在 1929 年还成立了医学史系，由于医学史研究具有明显的跨学科性质，也令该系成为最早的跨学科专门院系之一。

早期跨学科研究的发展主要出于知识生产专门化和知识需求综合化的矛盾。尤其是在一些大型的科研计划中，如 20 世纪 40 年代美国开展的"曼哈顿项目"（即美国的原子弹发展计划），就需要集中几乎全部科技领域门类的专家，而评估原子弹投放后的破坏力这类综合性课题更需要科学技术和社会人文学科集体智慧的整合。因此，现实社会具体问题的综合性与复杂性也是促使跨学科研究产生的重要原因。

第二次世界大战之后，西方世界沉浸在反思之中，诸如德

---

[1] 见 SSRC 官网的介绍，http：//www.ssrc.org/workspace/uploads/docs/SSRC-Brief-History.pdf. 2011 - 2 - 20。

[2] Tanya Augsburg, *Becoming Interdisciplinary：An Introduction to Interdisciplinary Studies*, NJ：Kendall/Hunt Publishing；2nd edition，2006，pp. 10 - 11.

国、意大利为什么会沦为纳粹国家这类问题萦绕于每一个知识分子心头，整个知识界面临了重大的理论挑战，而既有的知识体系面对纷繁错综的历史现实要做出合理解释已经显得力不从心。同时，世界秩序和社会的重建也无时无刻不在提出各种高度综合的现实问题，这些都成为跨学科研究产生的催化剂。

　　跨学科研究在第二次世界大战之后得到长足发展的重要原因还来自于社会需求的增多和相关资助的增加。例如，在美国，由政府或工业界出面成立和支持的重大研究项目和研究实验室不断增多。20 世纪 50 年代，美国国防部资助了第一个材料研究实验室，并随后于 60 年代建立了若干个跨学科实验室；而工业实验室的成立及其实践更是为全球确立了以"问题为导向"（problem-driven）的跨学科研发的标杆。到 20 世纪末，美国工业为全美研发活动提供的经费占到其总量的一半以上，联邦政府提供的经费则仅为其总量的 40％多。正是社会政治、经济与科技文化的巨大变化，研发投入模式的转变、市场化程度的提升，以及教育领域内部的改革欲求，① 使得科学研究与社会现实的互动成为必须，解决复杂问题所必需的跨学科研究获得极大发展，大量的以跨学科研究为特征的研究所、研究中

---

　　①　如在欧洲以及世界其他一些国家，20 世纪 60 年代末期涌现的学生运动就积极倡导激进的大学改革，要求结合现实问题对学生给予全面培养，从而取代传统的学科教育，由此"跨学科成为一个纲领性的、极具价值的术语，象征着改革、创新和进步"。P. Weingart & N. Stehr（eds.）, *Practising Interdisciplinarity*, University of Toronto Press, 2000, p. vii, 参见 L. Grigg, R. Johnston & N. Milsom, Emerging Issues for Cross-Disciplinary Research: Conceptual and Empirical Dimensions（Electronic version）, 2003, in http：//www. dest. gov. au/sectors/research _ sector/publications _ resources/other _ publications/emerging _ issues _ for _ cross _ disciplinary _ research. htm, p. 5。

心、实验室和研究团队在大学中纷纷成立，甚至有些国家还建立了新的创新型大学，将"致力于多学科的教学和研究、知识创造与传播"作为其使命。[①]

关于跨学科研究在第二次世界大战后蓬勃发展的原因，较全面的总结来自 20 世纪 60 年代末世界经济合作与发展组织（OECD）的教学研究及创新中心（Centre for Educational Research and Innovation，CERI）在全球范围进行的首次跨学科活动调查，该调查"发现了五个源头，即自然科学的发展、学生的需要、职业培训的需要、社会的基本需要和大学的功能与管理问题"[②]。克莱恩和纽厄尔（William H. Newell）对此做了进一步的补充，认为跨学科兴起的推力还包括"普通教育、文科研究和职业培训；社会、经济和技术中的问题解决；社会的、政治的和认识论的批评；整体的、系统的和通学科的研究；借鉴的互补性交流和亚学科互动；新领域、混合团体和机构间的联盟；人才培养与机构规模的缩小等"[③]。实际上，无论是经合组织还是克莱恩和纽厄尔所总结的具体因素，都折射出一个更大的时代背景，即从 20 世纪中叶开始，一个更加复杂、更加综合的世界在加速形成（其最重要的原因是知识和技术的进步），知识生产的模式和配套的社会建制都发生着重大的变化。其体现在跨学科方面，不仅出现了针对性项目和专门

---

①　参见澳大利亚格里菲斯大学（Griffith University，建于 1971 年）网站。in http：//www. griffith. edu. au/about-griffith/。

②　Julie Thompson Klein，*Crossing Boundaries：Knowledge，Disciplinarities，and Interdisciplinarities*，VA：University Press of Virginia，1996，pp. 19 - 20. 引自中译本第 24 页。

③　Ibid.，p. 20. 引自中译本第 24 页。

科系，甚至出现了侧重跨学科教学和研究的高校。[①] 今天，此类的高校在欧美国家已是遍地开花。

20 世纪 60—70 年代以来出现了不可胜数的跨学科研究和教育项目，我们不需要在这里详细罗列，因为这些项目在今天的大学中依旧可见。甚至有学者研究指出，单就数量而言，20 世纪 90 年代的各种跨学科项目还没有 70 年代的多。[②] 不过，这并不表示社会对跨学科研究和教育的热情有所消退，因为相当数量的跨学科活动"以别的名字和面目出现"[③]，造成统计上的差异。例如在另一篇研究论文中布林特（Steven Brint）等人就指出，美国在 1975—2000 年间跨学科学位项目的数量增加了 250%。

跨学科研究成果也呈现逐年增长的趋势。根据对科学引文索引（Science Citation Index，SCI）、社会科学引文索引（Social Science Citation Index，SSCI）和艺术与人文引文索引（Arts & Humanities Citation Index，A&HCI）[④] 三大数据库的文献调研，以"跨学科"（interdisciplin * 或 multidisciplin * 或 transdisciplin * 或 crossdisciplin * ）为检索词在"标题"中进行检索（检索时间段为 1996—2010 年，检索时间为 2011 年 2 月

---

① Julie Thompson Klein, *Interdisciplinarity：History，Theory，and Practice*，Detroit：Wayne State University Press，1990，pp. 157 – 158.

② Ibid. , pp. 20 – 21.

③ Ibid. , p. 20.

④ 上述数据库是美国科技信息研究所（Institute for Scientific Information，ISI）的三大引文索引数据库，收录世界范围内 230 个学科领域的 900 多种核心期刊，是进行科学研究及科研评价的重要工具，得到广大科研人员与科研管理部门的认可。

17 日),共检索到 8529 条记录。经分析可以发现:(1) 与跨学科有关的论文呈逐年上升趋势,其中 1996—2000 年发表相关论文 2062 篇,2001—2005 年为 2765 篇,2006—2010 年为 3702 篇;(2) 社会科学领域与跨学科相关的研究占总体研究的 42.6%,其中心理学、教育学、图书情报学是社会科学领域跨学科研究的前三大学科;(3) 根据论文第一作者所在国家进行统计,可见发表论文最多的 5 个国家是美国 (37.3%)、德国 (10.2%)、英国 (8.9%)、加拿大 (5.4%) 和法国 (4.1%),而中国处第 18 位 (0.9%)。美国的哈佛大学 (0.99%)、得克萨斯州立大学 (0.96%) 和华盛顿大学 (0.89%) 是发表相关论文比较集中的机构。

此外,在 ISI 科技会议录索引 (Conference Proceedings Citation Index-Science,CPCI-S) 和社会科学与人文科学会议录索引 (Conference Proceedings Citation Index-Social Science & Humanities,CPCI-SSH) 数据库中,同样进行上述检索发现,跨学科研究领域每年举办的国际会议数量亦呈上升趋势,其中 1996—2000 年发表会议论文 565 篇,2001—2005 年为 917 篇,2006—2010 年为 1298 篇。这些国际会议的议题主要集中在教育、工程、医学等领域的跨学科研究。

### 各国跨学科活动概览

| |
| --- |
| 韩国 2003 年的研究:研究显示,在向韩国科学与工程基金会 (KOSEF) 递交的资助申请中,35.6% 的个人研究者和 54% 的研究团队申请的是跨学科项目 |
| 芬兰科学院 2005 年:调查显示,提交给研究理事会并获得资助的申请中,有 42% 是跨学科的;其中狭义的跨学科和广义的跨学科各占 28% 和 14% |
| 荷兰 2001 年的研究:研究显示,在物理学领域,36% 的研究论文可划入跨学科类别 |

| |
|---|
| 荷兰 1997 年的研究：研究显示，在所有研究领域中，76％的研究论文是源自多位研究者的合作努力，其中的 1/3 是跨学科的 |
| 瑞典 1999 年的研究：研究显示，提交给科学技术研究理事会的申请中的 68％，和提交给医学与自然科学研究理事会的资助申请中的 53％是跨学科的 |
| 西班牙 2001 年的研究：研究显示，在卫生科学和材料科学领域中，4/5 的研究小组表示他们借用了其他学科的知识，而且表示他们持续关注其他领域的刊物 |
| 英国 1999 年的研究：在一项调查中，研究者表示他们 46％的时间用来从事跨学科研究 |
| 瑞典研究院 2005 年的研究：研究显示，提交给瑞典科学研究理事会的申请中有 42％是跨学科的 |

资料来源：DAMVAD, *Thinking across disciplines-interdisciplinarity in research and education*。

上述情况正如克莱恩所总结的：

学科互涉活动正在占用从业人员越来越多的时间，并把惯常的结构和知识分类复杂化了。回顾 20 世纪 60—70 年代学科互涉试验的记录，基思·克莱顿（Keith Clayton）总结道，在"公开的学科互涉"方面没有多大的进步，但"学科互涉隐在的事实"暗示出学科互涉研究很可能在没有被标记为学科互涉的地方繁荣起来，比如在医学、兽医学、农学、海洋学，以及克莱顿早期的研究领域地理学。在"'这一学科'正面"的背后，学科互涉正一派欣欣向荣。[①]

---

[①]  Julie Thompson Klein, *Interdisciplinarity：History，Theory，and Practice*，Detroit：Wayne State University Press，1990，p. 21. 引自中译本第 25 页。

　　在克莱恩看来，尽管在 20 世纪的大部分时间里，学术机构的"显结构"（surface structure）一直被学科所主宰，跨学科处于一种"隐结构"（shadow structure）状态，但是，"20 世纪后半期，随着异质性、杂糅性、复合性、学科互涉等成为知识的显著特征，显结构与隐结构之间的平衡正在发生变化"[1]。

　　尽管跨学科活动日益成为学术界和教育界的热点，但上述显隐结构的平衡关系并没有发生本质改变。学科要保持自己的权力和地位，与跨学科活动之间势必存在张力。在近来一项针对学者和高校决策者的调查中，做出回应的 423 位学者中有 71% 认为：周遭存在对跨学科活动的阻力，或是来自体制上，或是来自资助和文化上，体制的惯性倾向让他们局促于一个狭小而稳定的学科界限内；受访的 57 位院长、校长们中，有同样感受的占到全体的 90%。[2] 之所以如此，不仅因为学科作为既有体制的旧势力与顽固性，也由于学科知识仍然是"构成其他一切的基石"，是认知活动中的"第一原则"[3]。克莱恩也承认"作为一个主导原则，学科有其必要性，它暗示出否则学术体制就无从建立，并且以越来越专业化的材料，对知识进行组合"[4]。

---

①　Julie Thompson Klein, *Interdisciplinarity: History, Theory, and Practice*, Detroit: Wayne State University Press, 1990, p. 4. 引自中译本第 4 页。

②　Julie Thompson Klein, Carol Geary Schneider, *Creating Interdisciplinary Campus Cultures: A Model for Strength and Sustainability*, Jossey-Bass, 2010, p. 4.

③　Burton R. Clark, *The Higher Education System: Academic Organization in Cross-National Perspective*, Berkeley: Berkeley University Press, 1983, p. 342.

④　Ibid. , p. 6. 引自中译本第 7 页。

## 第二节　跨学科概念:定义与辨析

1972 年是跨学科活动发展历史上的重要一年，OECD 下属的教学研究及创新中心（Center for Educational Research and Innovation，CERI）在该年组织了一次专门针对跨学科活动的研讨会，研讨的成果结集成册，题为"跨学科：大学中的教学与研究问题"[①]。该书总结了有关"跨学科"的各种定义并指出：跨学科旨在整合两个或多个不同的学科，这种学科互动包括从简单的学科认识的交流到材料、概念群、方法论和认识论、学科话语的互通有无，乃至研究进路、科研组织方式和学科人才培养的整合。在一个跨学科研究集群内，研究人员应当接受过不同学科的专门训练，他们不断地相互交流材料、观点、方法和话语，最终在同一个主题和目标下实现整合。[②] 2005 年，美国国家科学院、国家工程院等单位联合发布的《促进跨学科研究》报告显然继承了 OECD 在 30 多年前的那个定义："跨学科研究是一种经由团队或个人，整合来自两个或多个学科（专业知识领域）的信息、材料、技巧、工具、视角、概念和/或理论来加强对那些超越单一学科界限或学科实践范围的问题的基础性理解，或是为它们寻求解决之道。"[③]

---

① OECD，*Interdisciplinary*：*Problems of Teaching and Research in Universities*. Paris：Organization for Economic Cooperation and Development，1972.

② Ibid.，pp. 25 – 26.

③ Committee on Facilitating Interdisciplinary Research，National Academy of Sciences，National Academy of Engineering，Institute of Medicine. *Facilitating Interdisciplinary Research*. NW：National Academies Press，2004，p. 39.

学者克莱恩和纽厄尔长期致力于研究跨学科理论与实践问题，他们在 1998 年的一篇合作文章中这样定义跨学科：

　　跨学科研究是一项回答、解决或提出某个问题的过程，该问题涉及面和复杂度都超过了某个单一学科或行业所能处理的范围，跨学科研究借鉴各学科的视角，并通过构筑一个更加综合的视角来整合各学科视角下的识见。[①]

　　在众多有关跨学科概念的定义中，上列三种是较有代表性的表述。学者曼西利亚（Verónica Boix Mansilla）也提出了大致相近的定义，但她同时强调在其定义中所突出的跨学科研究（或者说跨学科性）的三个特性，即意图性、学科性和整合性。首先，跨学科是有意为之的活动，目的在于拓展我们对某个问题的认识而不是终结它，换句话说，即提高我们理解问题、解决问题和提出新问题的能力。也就是说，跨学科研究是以问题为中心的。卡尔·波普尔（Karl Popper）曾说过一句被跨学科研究者们反复引用的话，即"我们不是某些科目（subject matter）的研究者，而是问题（problems）的研究者"。其次，跨学科研究要基于学科知识，不仅仅是学科研究的成果还包括它们的思维模式特点。最后，跨学科研究重在整合而不是并列各种学科视角，要达到部分之和大

---

　　① Julie Thompson Klein & William H. Newell，Advancing Interdisciplinary Studies，in Newell，1998，pp. 3 - 22.

于整体的效果。[①]

实际上，上文所引三种定义也都不同程度地涉及了这三个特性。

在上述观点的基础上，热普科（Allen F. Repko）提出了一个更加整合和简明的定义：

> 跨学科研究是一项回答、解决或提出某个问题的过程，该问题涉及面和复杂度都超过了某个单一学科所能处理的范围，跨学科研究借鉴各学科的视角，整合其识见，旨在形成更加综合的理解，拓展我们的认知。[②]

理解跨学科，除了把握其定义，我们还有必要了解与跨学科相关的一组概念。事实上，在 20 世纪学科地位不断受到冲击的过程中，并不仅仅出现了跨学科这一种新的研究理念和进路。克莱恩指出，在 20 世纪 60—70 年代跨学科兴起的大潮中，同样受到追捧的还有"多学科（性）"（multidisciplinarity）概念。[③] 马塞（L. C. Masse）等人也提到过"交叉学科（性）"（cross-disciplinary）与跨学科同步发展的

---

① Verónica Boix Mansilla，Interdisciplinary work at the frontier：An empirical examination of expert interdisciplinary epistemologies，in *Issues in Interdisciplinary Studies*，2004，24，pp. 1 – 31.

② Allen F. Repko，*Interdisciplinary Research：Process and Theory*，SAGE，2008，p. 12.

③ Julie Thompson Klein，*Crossing Boundaries：Knowledge，Disciplinarities，and Interdisciplinarities*，VA：University Press of Virginia，1996，p. 10.

事实。<sup>①</sup>除此之外，经常被提及并易与跨学科概念发生混淆的还有"通学科（性）"（transdisciplinarity）。<sup>②</sup>

这些概念背后具体的研究理念和进路都包含了突破学科疆域、实现知识整合的成分在内，如果我们只是泛泛地说"跨学科"的话，也许上述几种概念都可以置入"跨学科"概念的框架之下。1972 年 OECD 的报告中就划分了四种类型的跨学科活动，包括：（1）多学科（multidisciplinary），将各种学科知识并置在一起，有时学科之间并无明显联系，例如音乐、数学和历史；（2）复合学科（pluridisciplinary），将多少有些联系的学科并置在一起，如数学与物理，或如法国的"经典人文"将法语、拉丁语和希腊语合并在一起；（3）跨学科（interdisciplinary），表示两个及两个以上学科的交互活动，即我们一直在提的这种"跨学科"；（4）通学科（transdisciplinary），意图为一组学科建立某种共有的原则体系。<sup>③</sup>

---

① L. C. Masse，R. P. Moser，D. Stokols，B. K. Taylor，S. E. Marcus，G. D. Morgan，K. L. Hall，R. T. Croyle & W. M. Trochim，Measuring Collaboration and Transdisciplinary Integration in Team Science，in *American Journal of Preventive Medicine*，2008，35（2S），pp. 151 – 160.

② 有关"cross-disciplinarity""transdisciplinarity"和"interdisciplinarity"的中译，是一个长期纠结的问题，作为前缀的 trans-和 inter-都含有穿越、跨过的意思，而后两者含义和使用方式之间微妙的差异更使大多数人都难以完全区分它们。由于联想到大陆学界常常把"transphenomenality"这个哲学词汇译作"超现象性"（其实也有台湾学者译为"穿越现象性"），这里我们把"transdisciplinarity"译作"通学科（性）"。大陆学者采用这一译法的例子也很多。

③ OECD，1972，pp. 25 – 26. 也有学者用"cross-disciplinary"这个概念来总括那些具有跨学科性质的种种活动，见 Grigg Lyn，*Cross-disciplinary Research：A Discussion Paper*（Commissioned Report No. 61），Canberra：Australian Research Council，1999，pp. 4 – 5。

　　许多学者都进一步比较过多学科、交叉学科、通学科与跨学科之间的同异，从克莱恩、热普科和奥格斯堡（Tanya Augsburg）等人的论述可以看出，是否及如何整合（integration）学科知识是区别它们的关键。①

　　例如多学科进路，它仅仅实现了学科知识的叠加而非整合。即使是在一个共同的环境和团队中，来自各学科的人员仍旧自行其学科之道，学科知识在多学科的工作框架内只是共享和层叠，学科之间并无明显的互动，学科边界也没有被侵犯，易言之，学科知识并没有在多学科活动中得到拓展或改变，学科间建立的联系也是有限和暂时的。

　　交叉学科是指用一种学科视角来考察另一学科的对象，比如对音乐的物理学考察或者对文学的政治学考察。② 乍看上去，这类研究活动似乎天然与跨学科研究亲近，但与跨学科强调学科知识的互动整合完全不同的是，在交叉学科研究中，作为手段的学科占有绝对的主导权，研究所使用的概念、工具、方法都来自于它，而另一学科仅仅是提供被分析的对象，这种活动并无意促生新的研究范式或研究领域。尽管交叉学科有清晰的理念，但要完全在现实操作中贯彻这种理念并不容易，因为要严守一个学科的进路、不受对象学科的干扰并且得出令人信服又饶有趣味的结论，这既考验研究者们的学科知识与技巧，同时也考验着他们的定力。

---

　　① 见 Augsburg, 2006, pp. 21 - 23. Repko, 2008, pp. 11 - 13.
　　② 中国学术界在使用"交叉学科"一词时，偏指已经形成较稳定方法论的一些新兴学科，而且往往在学科分类体系中成为较为独立的子学科地位，例如生物化学、地球物理学、计算机语言学等。

通学科进路包含了更丰富的内涵。按照克莱恩的理解,通学科完全打破了学科的疆域界限。它不遵循学科的规范程式,而是在参考不同具体学科的概念、理论和进路的基础上,力图在超越学科的视野中构架全新的解读框架和研究范式。通学科研究产生的知识很难被归属于或导源于某个具体学科。例如我们所熟悉的马克思主义、结构主义、现象学,都属于克莱恩所说的通学科范畴。著名社会生物学家爱德华·威尔逊(Edward Osborne Wilson)在《论契合:知识的统合——科学人文》一书中用"契合"(Consilience)来描述这样一种研究进路,即通过将跨学科的事实和建立在事实基础上的理论联系起来,实现知识的"共舞"(jumping together),从而创造出共同的解释基础。[①] 这种"契合"正是通学科致力实现的目标。学者拉图卡(Lisa R. Lattuca)提出了一个有关通学科的更简明的解释,称它是"穿越于学科间,运用其概念、理论或方法,意在发展出一种总体性的综合"[②]。

相比之下,跨学科概念被赋予的意义最丰富。在跨学科活动发展的近百年间,它"曾被理解为一个概念、一种思路、一套方法或具体操作,有时还被理解为一种哲学或自反的观念体系"[③],

---

① Edward Osborne Wilson, *Consilience: The Unity of Knowledge*, New York: Alfred Knopf, 1998. 该书有田洺的中译本:《论契合:知识的统合——科学人文》,生活·读书·新知三联书店 2002 年版。

② Lisa R. Lattuca, *Creating Interdisciplinarity: Interdisciplinary Research and Teaching among College and University Faculty*, Nashville: Vanderbilt University Press, 2001, p. 83.

③ Julie Thompson Klein, *Crossing Boundaries: Knowledge, Disciplinarities, and Interdisciplinarities*, VA: University Press of Virginia, 1996, p. 196.

但总而言之，它是为了解决单一学科所无法应对的问题而形成的"一种进路"——而不是学科。面对由学科带来的知识体系内部各囿门户、扞格不通的情况，其不同于交叉学科用一种学科进路分析另一学科的研究对象，也不同于通学科致力于发展一个凌驾于一切学科之上的解释体系，跨学科的应对方式是：针对某一具有综合性和复杂性的现实问题的解读和处理，在学科视角的基础上重构"学科知识单元"（即在学科视角下所获得的种种识见），使有关的知识单元在以某一问题为指向的新框架内实现整合，在这个过程中，我们会获得对该问题的新认识（不同于单一学科视野下的认识），也可能提出新的问题（跳出学科框架下的问题域）。

通过对跨学科概念及其与相关概念间差异的清理，还有助于我们把握近二三十年来在西方学术界、教育界衍生出的各种近类术语，比如反学科（anti-disciplinary 或 couter-disciplinary）、后学科（post-disciplinary）等。一言以蔽之，无论是它们还是前述的几个概念，都是学科作为"第一原则"构筑的知识体系内部张力的结果。我们无法离开这个由学科构筑的知识体系，同时又始终不满足于由它所生产出来的知识，无论是多学科、交叉学科、通学科还是跨学科都是知识界努力探索穿越学科界限、开拓认知世界的进路，不过跨学科似乎是迄今为止最受关注且被最多尝试的一条进路。

另外值得一提的是，学者们常常借用各种隐喻来描述学科与跨学科活动，最普遍的是用地理疆域一类的语词来形容学科（如领地、版图），而跨学科则被描述为跨越学科"地理边界"

的活动。[①] 例如学者莫兰（Joe Moran）这样描述跨学科活动：
"（它）可以被理解为缔造不同学科间的联结，但也可以是在学
科疆域的空隙处建立某种非学科空间，甚或超越全部的学科疆
域……都是在学科界线彻底被破坏乃至抹除的地方产生的认知
平台。"[②] 理解这些隐喻对我们把握跨学科的理论基础及实践
过程会有许多帮助。

　　最后，在理解学科/跨学科概念时，我们强调两者都是处
于"动态均衡"的概念，两者之间也充满了互动，例如"就诸
如心理学、社会学、考古学、民族学及语言学这些科学而言，
它们发觉自己处于一种特殊的情境：它们几乎都是同时在若干
知识领域的相互作用过程中形成的"[③]。每一个学科都会在自
身的边界上找到跨学科的痕迹，也总是通过跨学科的活动变
幻、延展自身的边界。

---

　　① 有关学科和跨学科的种种隐喻，见 Augsburg，2006，pp. 27 - 32。
　　② Joe Moran，*Interdisciplinarity*，NY：Routledge，2002，p. 15.
　　③ 伊利亚·T. 卡萨文：《当代认识论中的跨学科观念》，萧俊明译，《第欧
根尼》2010 年第 2 期。

# 第二章　跨学科研究的不同
## 形式与操作进路

　　无论何种形式的跨学科研究活动，从学术知识生产的角度看，它必然有着突破学科边界和实现不同学科知识整合的特征。前文引述的国外学者对不同类型跨学科研究活动的总结，其实也可以说代表了跨学科研究的不同模式，这些不同的模式既体现着其不同的研究进路，也反映着研究活动跨学科性的深度和成熟度。

## 第一节　不同形式的跨学科

　　学者热普科总结了三种形式的跨学科活动，即工具性的、观念性的和批判性的跨学科活动。① 工具性的跨学科（instru-

---

　　① 更早提出这三种跨学科形式的分别是加拿大学者 L. 索尔特（Liora Salter）和 A. 赫恩（Alison Hearn），参见他们在 1996 年主编的著作 *Outside the Lines： Issues in Interdisciplinary Research*（McGill-Queen's Press，1996）。拉图卡区分了 4 种跨学科形式（informed disciplinarity，synthetic interdisciplinarity，transdisciplinarity，conceptual interdisciplinarity），见 Lattuca，2001，pp. 82 - 84。

mental interdisciplinary）重在借用学科方法以解决社会外部需求产生的实际问题。比如综合应用心理学、社会学、教育学的理论和方法研究如何防范青少年网络成瘾问题，即是一个典型的工具性的跨学科研究过程。它更加强调研究过程的客观性和务实性。此外，新方法和手段的借用会促成学科的裂变而出现新的学科分支，如数量经济学、细胞生物学、量子化学等。在自然科学领域，工具性的跨学科似乎是一种普遍的现象。

观念性的跨学科（conceptual interdisciplinarity）强调知识整合，重视提出超越学科视野藩篱的新问题，并对学科知识在这些问题上的局限提出批评，但在本质上还是针对现实问题出发，带有工具性意味。如文化研究、性别研究、后现代主义进路都被视为观念性的跨学科研究。

批判性的跨学科（critical interdisciplinarity）考问现有的知识结构，追寻问题的价值和意义。从事这种形式跨学科研究的学者们不满足于仅通过学科知识单元的机械组合来寻求现实问题的解答，他们希望成为最有决心的疆界破坏者和范式变革者，他们相信文化现象之间的普遍联系，甚至可以让俚俗小调、厕所文化成为研究资源——这又接近于通学科的理念。可以想象，在这种形式中，研究者必须有更加开放的心智和更具统摄力的逻辑，并创造独特且恰当的概念——理论框架和话语模式来实现其理想的跨学科研究。

此外，瑞典学者卡尔奎斯特（Anders Karlqvist）提出了 4 种不同的跨学科模式：在第一种模式中，鉴于认识到两个事物是基于同一基础结构的不同现象，因此学者们得以将零碎的知识融会贯通。第二种模式表现为从各种不同的领域获取知识来解决某个问题，强调的是来自不同学科的相关知识的积累。第三种模式要求来自不同领域的知识的投入，但是不存在解释和评价的共同基础。例如，社会的可持续性可以通过研究资源的循环进行考察，但是经济学家会强调物质商品和资本的流动，生态学家则更关注能源和生物群的流动。这里不存在公认的模式，系统分析通常是其研究取得进展的基础。第四种模式所适用的研究活动，不仅其理论是不同的，而且基本假设也不同，因此只有通过新的、综合了两者的理论发展才能推进研究。[①] 拉图卡（Lattuca）也提出了跨学科形式的四分法，即广博式跨学科（informed disciplinarity）、综合式跨学科（synthetic interdisciplinarity）、观念性跨学科（conceptual interdisciplinarity）和通学科（transdisciplinarity）。[②]

有的学者提出了更加宽广的跨学科分类体系。比如赫克豪森（Heckhausen）提出有 6 种类型的跨学科性。[③] 成熟度最低的被称为"随意的跨学科性"（indiscriminate interdisciplinarity），它代表着在各个专科知识领域浅尝辄止的活动，尤其体现在教学课程设置上。第二种则被称为伪跨学科性（pseudo-interdisciplinarity），在那些分析工具为多学科共享的情景下会发生这种情况，依靠工具的兼容性（例如博弈论、对策论）而

① A. Karlquist, Going Beyond Disciplines: the Meanings of Interdisciplinarity, in *Policy Sciences*, Vol. 32, 1999, pp. 379 – 383.

② Lisa R. Lattuca, *Creating Interdisciplinarity: Interdisciplinary Research and Teaching among College and University Faculty*, Nashville: Vanderbilt University Press, 2001, pp. 82 – 84.

③ H. Heckhausen, Discipline and Interdisciplinarity, in *Interdisciplinarity: Problems of Teaching and Research in Universities*, Paris: OECD, 1972, pp. 83 – 89.

实现某种程度的学科知识整合。第三种是辅助性的跨学科
（auxiliary interdisciplinarity），运用一个学科的方法所产生的
结果、数据为另一个学科提供支撑其理论论证的材料或思路，
起到辅助作用，但并没有实现不同学科知识理论层面的整合。
第四种是合成性的跨学科（composite interdisciplinarity），不
同学科的知识、技术被汇集起来求解同一疑难问题时就会产生
这种跨学科性。虽然在这样的跨学科活动中目标是明确的，但
没有刺激出系统的创新。第五种是增益的跨学科性（supple-
mentary interdisciplinarity），指多个学科围绕同一领域的某些
主题发展出具有交叠意味的知识，这些知识反映出不同理论层
面可整合的关联性，为研究主题提供了更全面的知识图景。这
类跨学科性往往发生于学科交界的领域。最后一种是走向统一
的跨学科性（unifying interdisciplinarity），特指不同的学科研
究领域在发展过程中出现研究主题和理论整合方式及程度上趋
于一致的情况，代表着深度的整合，往往在这种情况下，会出
现一些新的学科（如生物物理学）。①

　　从上述学者对跨学科研究形式的区分和定义来看，其依据主
要是相对于学科知识框架而言的知识整合方式及程度。从认知的
角度，克莱恩总结了跨学科研究的三个层次的价值：（1）研究者
从现有学科框架分离一个主体或客体；（2）他们填补因缺少对类
别的关注而产生的知识空白；（3）如果研究达到临界质量，研究

---

① Angelique Chettiparamb，Interdisciplinarity：a literature review，The In-
terdisciplinary Teaching and Learning Group，Subject Centre for Languages，Lin-
guistics and Area Studies，School of Humanities，University of Southampton，
2007.

者通过构成新的知识空间和新的专业角色重新划定边界线。[①]

## 第二节　跨学科研究的一般进路

当代符号学重要奠基人之一的罗兰·巴尔特曾这样把握跨学科研究的实质和意义："从事某种跨学科研究，如果只选择某一个论题，集中于两三门学科，是不够的。跨学科研究是要创造一个不属于任何一门学科的新对象。"[②] 这句话言简意赅地提示了跨学科研究活动过程中的张力，即其尽可能地与既有学科知识发生联系，又要避免困于某一学科的园囿。

跨学科研究重构学科知识单元、开辟新的空间进而实现知识整合（knowledge integration）的操作性过程，许多学者都对之进行了比较详细的描述。虽然他们之间存在诸多不同意见，但总体上倾向把跨学科活动分为学科内和学科间（外）两个系列进程。我们可举纽厄尔的总结为例[③]：

---

① 参见 Julie Thompson Klein，*Crossing Boundarie：Knowledge，Disciplinarities and Interdisciplinarities*，The University Press of Virginia，1996。

② Le Bruissement de la langue，Paris：Le Seuil，1984，pp. 97 - 103. 转自萧俊明《文化转向的由来》，社会科学文献出版社 2004 年版，第 4 页。

③ William H. Newell，A Theory of Interdisciplinary Studies，in *Issues in Integrative Studies*，2001，No. 19，pp. 1 - 25. 该刊随后一期登载了卡普（Richard Carp）、麦基（J. Linn Mackey）、米克（Jack Meek）和克莱恩等人的批评文章，可以了解关于跨学科过程的不同总结意见。索斯塔克（Rick Szostak）在次年对这次争论进行了总结，并更加详细地辨析了跨学科研究实现知识整合的过程，见 Rick Szostak，How to Do Interdisciplinarity：Integrating the Debate，in *Issues in Integrative Studies*，2002，No. 20，pp. 103 - 122. 有关这一过程的完整总结，还可以参见 Klein，1996，p. 233。

| A. 形成学科识见 | B. 通过构建一个更加综合的视角整合学科识见 |
| --- | --- |
| 1. 确定研究主题 | 1. 发现各种学科识见相互间的冲突，方法是用某学科的预设来论证另一学科的问题，或寻找具有不同意义的共有术语以及具有共同意义的不同概念 |
| 2. 确定相关学科（或相关跨学科进路及思想流派） | 2. 在具体问题的情境中考量各种预设和术语的适用性 |
| 3. 开发该项研究所需的相关学科概念、理论和方法 | 3. 通过构建一个公共的预设和术语体系来调解冲突 |
| 4. 采集通行的学科知识并发掘新信息 | 4. 创立一个通用的理论基础 |
| 5. 从每个学科的视角研究该问题 | 5. 形成对问题的新认识 |
| 6. 形成对该问题的学科识见 | 6. 找到准确描述这个理解的模式（或隐喻、主调） |
|  | 7. 在尝试解决问题中检验这个新的认识 |

　　为了更好地了解跨学科研究的操作进路，我们不妨来解析一下这个过程。

　　首先，确定研究主题（环节 A1）严格说来并不属于进程 A。一方面，由研究主题构成的线索贯穿于整个跨学科研究过程；另一方面，在跨学科问题的提出上，尤其能体现出"提出一个问题往往比解决一个问题更为重要"这句名言（语出爱因斯坦《物理学的进化》）的意味，因为它需要跳出学科进路的范式和既有的问题域，发挥"创造性的想象力"。

　　纽厄尔强调只有有关"复杂系统"的问题才满足跨学科研究的要求。典型者如"何以现代科学出现于西方而不是中国"这类问题。但实际上，许多看似学科内部的问题也可以是跨学科研究的对象。比如理解"陀思妥耶夫斯基小说的现实意义"，我们在一个单纯的文学视角下很难对其获得深刻的见解，而总是有来自哲学、历史学等其他学科的学者来拓展文学研究者的视野，对于任何一个陀思妥耶夫斯基的研究大家都不会说自己只是关注了作者的修辞手法和文学史地位。虽然我们可以细分哪些问题最适宜应用跨学科研究、哪些问题需要做跨学科研究，却并没有一种严格的限制说某一研究主题完全不适合跨学科研究。当然，对于优秀的跨学科研究者或团队，寻找合适且有价值的跨学科研究主题几乎是其研究的最重要的一环。

一个真正的跨学科研究主题，无论是跨越学科还是来自学科，都必定有其复杂性和综合性。这意味着该主题是一个内涵丰富的问题域而不是一个单向度的知识命题。例如就"李约瑟问题"，我们关注的核心现象是"中国曾有高度发达的科技文明却为何不能生发出现代科学体系"，将这一现象命题化，我们会追问中国传统社会知识生产体系的发展路径、基本特点及其与现代知识生产体系的不同等一系列核心命题，随之又可以在教育、知识生产、知识传播等若干环节展开更为具体的诸多子课题。最具挑战的跨学科研究主题常常是在其子课题上依然显现出明显的综合性和复杂性。有时，面对某个问题，研究者穷其一生也无法做出系统的解释，因此，提出一个恰当的研究主题还要考虑到它在操作上的可能性，包括科研团队的支持等条件。

环节 A2（确定相关学科）看似简单，但实际上它既考验研究者的涉猎广度、思维深度，也同时考验研究者对学科知识的创造性驾驭。前者无须多做解释。对于后者，以芝加哥学派为代表的西方经济学力图解释整个世界的野心和成绩值得被重视。在诸如"恐怖主义研究"这类典型的跨学科问题上，经济学家在自己的理论世界里给出了许多精彩的解释。[①] 这也说明，问题本身其实并没有预设对应的学科进路，在跨学科研究中，需要调用哪些学科的资源更多还取决于研究者主体的综合能力。

确定相关学科知识资源的过程，不是在不同的篮子里拣选食材那么简单，主要是因为很多学科并非那么畛域分明，人文社会科学尤其如此。正如学者卡萨文指出的："在一项跨学科研究中，研究对象应该得到系统地论述，以便于借助所有相关学科来审查、修改、转化以及实际使用研究成果。其先决条件是，对于相互作用的学科的论题领域和方法论工具的界定要具有足够的精确性。我们在这里想指出的是，这种条件或许是在某些自然科学和精确科学中见到的，但是就诸多的人文学科而言（它们的学术地位似乎还是有疑问的），这看上去像是一种彻底的理想化。"[②]

环节 A3、A4 涉及了一个常见的实际困惑，即对于跨学科研究者来说，应当怎样把握对学科知识的了解程度，是完全精通还是掌握必要的内容？对此，克莱恩对两者做出了明确的区分："精通和充分二者之间的差别在于：学习一门学科的知识是为了应用它，还是了解这一门学科如何以自己的

---

① 例如普林斯顿大学著名经济学家克鲁格（Alan B. Krueger）所著的《恐怖分子何来？》（*What Makes a Terrorist*：*Economics and the Roots of Terrorism*，N. J.：Princeton University Press，2007）一书即为个中代表。

② 伊利亚·T. 卡萨文：《当代认识论中的跨学科观念》，萧俊明译，《第欧根尼》2010 年第 2 期。

方式——它的观察视野、核心术语以及相关的方法与途径来看待世界。"[1] 当然，借用学科知识无论是作为一种工具性策略还是一种建构或批判式的运用，都不能采取"临时抱佛脚"的态度，而是应当如克莱恩所说的，"完成一项学科互涉任务所'不可或缺的学科知识'必须受到'恭敬地、谦恭的'对待"。

环节 A4 中提到发掘新信息，在笔者看来，应当理解为在寻找相关学科知识过程中（也是初步以学科视角分析对象、形成学科识见的过程）发现学科知识体系外的有用信息和知识。例如，有时我们会发现，在学科内自成体系的知识、逻辑有时并不如日常经验对我们理解一个问题更为显明直接，此时日常经验及其视角也构成研究的有效资源。非学术的信息、知识作为学术知识生产的有效资源不仅是跨学科研究经常的策略，对于扩展学科知识、视野也常有助益。其实，在严密的学科世界建立之前，各知识体系间的信息流动本来十分自然，司马迁著《史记》注意采用乡间闾里的风谣俗谚、中西方天文学与占星学的亲密姻缘，这些事例都启示我们：正统与非正统的知识体系（"大传统"与"小传统"、学科知识与非学科知识）间绝非相互排斥，其在知识生产活动中也各有其价值。

环节 A5、A6 是有趣的多线程任务（multi-threaded task）。团队合作难在合作与整合知识，而对个人研究者来说，无论环

---

① 克莱恩对于"充分"和"精通"两种隐喻的不同意义进行了比较，见 Klein，1996，p. 213。

节 A5、A6 是共时进行还是分时进行，都不是一件轻而易举的事情，因为"改变一个人的视角如同进入另一种文化"[1]，何况要依次进入甚至来回穿梭于不同的视角？初步的知识整合也在这两个环节中发生，因为不同视角犹如不同文化一样会不知不觉地相互学习。从这一点上看，环节 A5、A6 也不是简单的线性过程，而是存在着更为复杂的交互活动。

　　阶段 A 充分说明了纽厄尔所说的"理解跨学科研究中学科的角色是理解跨学科的关键"以及热普科所说的学科何以是"跨学科的必要前提和基础"[2]。以实现知识整合为目标的跨学科研究必须通过形成各学科识见才能辨明不同学科及其识见之间的差异，就像是要在国家之间开辟一个新的公共领域，必须要先勘界一样。随之而来的是由不同学科知识在认知上的差异所形成的张力与冲突："概念互不相通，分析单元各异，世界观、学术抱负、评判标准和价值判断的差异都成为跨学科研究在认识论上的壁垒。"[3]

　　面对学科视角相互冲突同时相互学习环节的微妙互动和由之激荡出来的丰富信息与构想，需要经过环节 B1 的过滤。例

---

　　① Julie Thompson Klein, *Crossing Boundaries*：*Knowledge*, *Disciplinarities*, *and Interdisciplinarities*, VA：University Press of Virginia, 1996, p. 219. 引自中译本第 287 页。

　　② Allen F. Repko, *Interdisciplinary Research*：*Process and Theory*, Sage, 2008, p. 122.

　　③ Y. Rogers, M. Scaife & A. Rizzo, Interdisciplinarity：An Emergent or Engineered Process? Sharon J. Derry, Christian D. Schunn & Morton Ann Gernsbacher（eds.）, *Interdisciplinary Collaboration*：*An Emerging Cognitive Science*, NJ：LEA, p. 268.

如，用阶级分析的方法论证杜甫是一位现实主义诗人之后，要检讨这种方法的优劣所在，以确定其使用的范围和限度。又如，对于"身份认同"这种共同的关键词，要辨明它在政治学、社会学和文化研究中的不同含义和指向，寻找其相关性，为环节 B3、B4 奠定基础。环节 B2 的意义也在于去粗取精，为调解冲突和后序整合过程服务。

在这两个环节以至全部整合过程中，研究者都会持续面对学科差异间的张力，对此，克莱恩提示我们："包含在每一学科内容中的共识或视角，为寻求相关性而被精选、比较和评判，当发现有冲突时，就要详加阐释，可尽管如此，它们并没消融在一个否定差异的虚假统一体中。……差异、张力和冲突是整合过程的重要组成部分，它们不是必须排除的障碍，而是学科互涉知识本质的一部分，它们的作用强调了……交流的重要性，所有学科互涉活动都需要翻译和协合。""即使经过协合和调解，差异也没有消失——它们继续制造出'噪音'。"①

环节 B3、B4 是整合过程的重点，也是理论上最受争议的环节。跨学科研究的核心内容和关键特性在于学科知识的整合，但整合过程会因研究对象、涉及学科、研究主体等各种因素而呈现不同形式。在这些形式中，环节 B1、B2 是不可避免的，因为要了解学科知识相互冲突的本质，必须采取同中求异、异中求同这样一类比较思维。然而，环节 B3、B4 则并非

---

① Y. Rogers, M. Scaife & A. Rizzo, Interdisciplinarity: An Emergent or Engineered Process? Sharon J. Derry, Christian D. Schunn & Morton Ann Gernsbacher (eds.), *Interdisciplinary Collaboration: An Emerging Cognitive Science*, NJ: LEA, pp. 215 - 216, 221. 引自中译本第 283—284、290 页。

在所有的跨学科研究中都体现出来。

在前述所谓工具性的跨学科活动中，环节 B3、B4 并非必须，但对于观念性的跨学科，公共的术语体系和理论基础则是不可或缺的。在文化研究、性别研究中，诸如"身份认同""权力""意识形态"等关键词往往起到支撑其整个理论体系和引领全部研究进程的作用。

在环节 B1—B4 的过程中，研究者的综合逻辑能力受到考验："所有整合所需要的技巧都是相似的：即区分、比较、对比、联想、阐释、协和、综合等，多元逻辑思维出现在界定手头任务、决定如何更好地利用能够得到的方法、设计一种可操作的元语言之中。"① 我们暂时无法详细描述这个过程中复杂的认知规律和运作细节，但就方法论而言，辩证思维是基础，即如克莱恩所指出："在高层次的概念综合中，新术语和重新搭配的旧术语是正在使用的元语言的基础，这也意味着辩证法是学科互涉研究的基本方法。"②

环节 B5—B7 遵循着一般学术研究的程序原则，即从分析现象→总结规律→提炼范式→检验结果的进程。然而，好的跨学科研究并不止步于此。哈佛学者冯胜利认为，治学的最高境界不只是通过现象发现规律，更重要的是通过规律揭发新的现象、发现新的世界、创构新的认识。③ 批判性的跨学科研究者

① Julie Thompson Klein, *Crossing Boundaries*：*Knowledge*，*Disciplinarities*，*and Interdisciplinarities*，VA：University Press of Virginia，1996，p. 214. 引自中译本第 280 页。

② Ibid.，p. 220. 引自中译本第 289 页。

③ 冯胜利：《中西学术之间的通与塞——冯胜利访谈录》，载张冠梓主编《哈佛看中国·文化与学术卷》，人民出版社 2010 年版。

就心驰于此，其实它也是为一切学术研究者树立的高标。

以上对跨学科研究穿越学科边界、实现知识整合的操作进程的梳理是在认知活动的层面上进行。然而，正如我们从学科和跨学科的起源与发展史中所看到的那样，社会因素构成机制也起着举足轻重的作用。跨学科活动不仅是知识体系间的交流与合作，同时需要相应的制度保障、资金支持、人员配置、交流机制与认知活动的相互配合。

# 第三节　跨学科研究计划的设计

## 一　如何提交跨学科的研究计划

资助机构投资于跨学科活动是希望实现其创新目标，而研究者构建这类计划谋求资助，以实现其探索的目的，只有二者相辅相成，才能由此推进科技的进步和知识的发展。

就现状而言，研究资助方和学术团体在分配研究资助时一般都会采取比较保守的倾向，规避风险的做法常常妨碍了跨学科研究项目获得资助。此外，跨学科研究者通常缺乏固定的同行群体和工作团队，而评议者不太熟悉的研究者在其评议过程中一般容易处于劣势的地位，在获得资助上困难重重。特别是那些最为创新的跨学科计划，其所面对的问题更为紧迫，它们既需要评议者有足够的资质，又需要其有独特的眼光和承担风险的勇气，缺少任何因素都会使这些探索努力失去立项的机会。于是，建设基础的跨学科评估人员队伍，为跨学科的项目评估确立基础的框架结构意义重大。

除了评议一方，研究的申请一方同样需要在项目规划、目标的确定以及学科、人员的选择等方面进行详尽的设计，以便使跨学科研究迈出重要的第一步。

首先，从研究的设计来说，一项好的跨学科计划应该具有明确的目标，且对于所采用的方法和学科之间可以产生的协同作用进行充分的说明。其次，鉴于跨学科研究与单一学科的项目不同，跨学科的课题可能需要随着研究进度不断探索和修改，因此，英国爱丁堡大学科技与创新研究所（The Institute for the Study of Science，Technology and Innovation，ISSTI）的评估指南[①]就特别建议，跨学科计划应该宽起步，设置灵活的时间表，虽然最终目标是明确的，但是研究路径可以随着项目的进展进行修订，工作的顺序有可能发生变化，研究团队和方法也需要更为灵活。申请者应对跨学科活动的这一特点有清醒的认识，并设立一系列的决策关键点，来评估项目的方向并在必要的时候重新确立重点。

其次，研究还认为，正是由于跨学科计划需要更大的灵活性，因此跨学科项目一定要经历一个开放的预备研究阶段，这一点对于以解决问题为目标的跨学科项目尤其重要。在这个阶段中需要考虑项目的范围，决定吸收哪些学科来参与，明确研究所集中关注的一系列问题，说明这些问题如何互动，以及如何引导这些互动最终形成可行的、富有效率的解决方法。鉴于这类跨学科研究通常由公共或商业需求所驱动，其初始问题在学科的范围内可能很难被表述清楚，其各个组成部分也很难被

---

① Catherine Lyall，Ann Bruce，Joyce Tait & Laura Meagher，Short Guide to Reviewing Interdisciplinary Research Proposals，2007，in http：//www. issti. ed. ac. uk/publications/briefingnotes.

打上明确的学科标识，因此，需要提供一个灵活的战略，以便在课题中进行不同学科和不同模式的整合。

在对于这类跨学科的项目申请进行评审时，评议者应该考虑到，跨学科项目并非简单地将若干学科进行整合，它还需要额外的努力以形成一个有凝聚力的研究团队，结合来自不同知识领域的专长，克服不同学科研究者之间的交流问题，这意味着跨学科项目的规模要更大、时间更长和更为昂贵（如频繁出差以便和项目团队成员取得联系、沟通与整合所花费的时间，出席更多的各类会议以便接触所有潜在的受众），需要更长的时间才能产生高质量的出版物。

跨学科计划的评估者还需注意这样一些问题，即申请者可能并非出自一个传统的科系，提交的出版物成果可能也不是那些一流的、基于学科的刊物，设计的研究也可能并不处于任何单一学科的前沿，即使这样，也并不意味着这不是一项高质量的计划。至于成功的跨学科计划应该具有哪些特点，评估者可以更多地注意以下几个方面：①计划是否清晰描述了为什么必须采用跨学科的方法，预期采用哪类跨学科方法，包括哪些学科？②计划是否描述了如何整合参与的学科（在设计中、研究的开展中以及随后的出版物中），以及如何与不同形式的跨学科建立联系，计划是否说明将如何保证其整合的质量。③计划是否明确阐述了项目负责人为实现所期望的结果所需发挥的作用以及管理战略？④参与的研究者是否具有跨学科的技能和经验，特别是能否提供具有跨学科领导能力的证据？⑤是否有适当的设计，使利益相关者或用户能从启动阶段即对项目有所了解（这对以解决问题为目标的跨学科项目尤其重要）？⑥计划

的预算是否合理地覆盖了其所需的其他资源。⑦计划是否明确
说明在项目结果和成果中跨学科性如何得以体现。

对于跨学科计划如何成功地申请到资助，这里仅涉及了一
些主要的原则，更多具体的做法和例证在后面的章节中还将给
予描述。这里需要谨记的是，若要成功地推进一项跨学科研
究，事前、过程中和结束后的自我评议和外部评估都是十分重
要的。

当一个研究者团队提交了计划，建立和管理研究团队的明
确战略就成为关键，此外，还需要为团队中的年轻学者考虑他
们学术生涯的职业指导和发展。①

## 二 跨学科研究计划的设计与评估

研究计划的设计与评估，对于跨学科研究课题的立项、
获取经费使得研究得以开展是非常重要的前提条件。这其中
要求计划的设计与资助提供方的眼光和标准在某种程度上实
现契合。

1. 研究类别和目的的明确限定

就项目的申请和设计而言，首先需要对跨学科研究的含义
和模式有比较清楚的认识。跨学科研究应该是将各学科的贡献
整合起来，提供整体的或系统的成果，通常要比单一学科研究
需要更多的时间、努力、想象力和经费，同时鉴于这类研究对
于推进知识发展和解决复杂的社会问题意义重大，因此应充分

---

① Catherine Lyall，Ann Bruce，Joyce Tait & Laura Meagher，Short Guide
to Reviewing Interdisciplinary Research Proposals，in www. issti. ed. ac. uk.

考虑其经费的充足保障。

跨学科研究可以进一步划分为：目的在于推进其本学科专长和能力的研究，即通过方法论的发展，使新的问题得到解决，新的学科或分支学科得以形成；集中于问题的研究和解决社会、技术或政策相关问题的研究，不太强调与学科有关的学术成果。因此在计划当中应对自身的研究进行明确的归类。需要注意的是，这两种模式的跨学科研究，针对不同问题将需要具有不同专长的研究人员的组合，而选择参与项目的学科的标准也将不同。

计划和资助跨学科研究计划的动机大致有这样几个方面：问题的性质是跨学科的（如交通、环境等）；研究者将实验室的信息、成果向现实世界转移；研究是使用者驱动的（当然，并不一定都具有商业用途）；研究与复杂领域中的决策具有特别的相关性；单一学科的研究遭遇瓶颈，需要其他学科的参与以形成突破，等等。

就个人而言，从事跨学科研究的动力可以包括：对现实世界中问题的关注；解决与社会相关的问题；以及为学科的发展做贡献。

2. 如何进行学科的整合

跨学科研究的课题有其自身的特点，因此在其项目启动之前，需要经历一个无固定期限的预备研究阶段，这个阶段需要对所研究问题的范畴进行测试，以便分析在什么范围内开展研究最为适合，并根据分析来确定需要哪些学科的参与，这应该是制订一项研究计划的过程的重要组成部分。

应该明确的是，跨学科研究并非通过将若干学科聚集到一个研究项目中就会自动发生，还需要做出额外的努力，来推进一个包括不同学科研究者的有凝聚力的团队的形成，结合来自多个知识范畴的专长，并克服学者之间的交流问题。对于从事跨学科研究所需克服的问题主要表现为：语言和交流问题；制度结构和程序问题；不同学科之间的世界观差异问题。正是因为有了以上问题，因此更需要花费时间来打造一支有效率的跨学科团队，项目的启动阶段会需要较长的时间，对项目协调的要求也将更高。

3. 跨学科研究者所需的技能

在跨学科研究中，研究者的个性和态度对于研究的成功至关重要，甚至可以与他们的学科基础和专长画等号，对于跨学科研究来说以下一些个人特点是非常可贵的：灵活性、适应性和创造性；对其他学科具有好奇心并有学习的意愿；对于来自其他学科和经验的观点具有一种开放的心胸；有良好的交流意愿和能力；有在理论和实践之间搭建桥梁的能力；是一个好的团队工作者。

有研究显示，一名好的跨学科研究人员还需要对不确定性给予高度容忍，他们需要实验对于一个问题而言可能存在的各种潜在边界，直到找到最适宜的边界，并确定一系列的范畴和维度，这些探索应该是团队工作的组成部分，项目协调者和团队成员的能力之间有成效地互动对于课题成功是非常重要的。

那些拥有一个学科以上技能和知识的研究人员是跨学科团队中最有价值的成员，但是单一学科研究者如果具备前述态度，应该也有能力迅速地学习并在跨学科环境中很好地发挥其作用。以下特质对于好的项目管理是相关的：了解（并不一定深入）整个项目的主要学科范畴；了解项目成果的应用领域，工业或是公共范畴（public sphere）；专注于团队工作和实践结果，克服学科的取向以及来自公共部门和私营部门参与者之间的差异；尊重其他学科，并对它们的一般原则有所认识；有自身学科的专业知识，但并不一定有非常强的野心来从事自己学科的职业，因为这有可能降低他们投身于其他领域的意愿；对于保持项目进展的新的观念有着平衡的开放心态；有建立关系的技巧，信任别人的判断，好的人际关系以及外交技巧，能与合作伙伴积极地互动；最后，对于项目以及尝试实现的目标有明确的认识。

4. 利益相关者和使用者的角色

在跨学科研究中，利益相关者可以扮演重要的角色，他们关注与现实问题有关的需求，促进研究成果被工业或其他终端用户了解和采用。用户参与通常被认为是加强研究课题的跨学科性质的一个途径，因为用户的需求一般不会循着学科的路径提出。最好的跨学科计划通常是在与潜在用户的紧密合作中设计出来的，而这不仅仅是因为可以获得研究的数据、主题或是额外的资助。

当然，如果认为使用者会比学术界更为自动地对问题的现实性质有更好的了解，也不一定正确。相反，用户自身可能并没有充分地认识其问题的性质，而这可能会危及研究的质量并导致研究向无效的方向发展。与利益相关者的互动也可能出现诸多问题，包括研究伙伴的问题，来自商业化和其他方面的压力，以及获得研究资助等方面可能出现的问题。因此在计划中针对利益相关方和用户的参与进行充分的考虑和安排，为出现这类意外做好准备是必需的。

5. 好的跨学科研究计划所需满足的条件

一项好的跨学科研究计划至少应该具备以下条件：

明确阐明为什么需要采用跨学科的方法，采用哪种类型的跨学科方法，以及哪些学科应该参与（这需要对问题的范畴进行分析，并对研究过程进行简要描述）；

计划应说明如何对参与的学科进行整合，以及如何保证整合的质量；

说明项目领导者的作用，并就发布项目成果制定管理战略；

扼要说明参与项目的研究人员的跨学科技能；

一旦需要，为项目的终端用户和利益相关方的参与制订明晰的计划，包括就可能的风险制订应急计划，明确说明利益相关方的利益所在以及它们如何为项目做出贡献；

为所需的额外资源制定预算；

描述跨学科性将如何在项目的产品和成果中反映出来。[①]

6. 建立一支跨学科评审者的精干队伍

研究资助部门和学术团体在知识生产上呈现的保守主义，使其在分配研究资助时更倾向于寻求稳妥和安全，这种避免风险的方法会降低跨学科研究项目获得资助的能力。跨学科研究者通常缺少固定的同行群体，而对于鉴定人不熟悉的跨学科团队和研究者来说，他们在评审过程中也会处于劣势。鉴定人的选择在那些业已确立的、较为成熟的跨学科领域中问题不大，

---

① Joyce Tait & Catherine Lyall, Short Guide to Developing Interdisciplinary Research Proposals, ISSTI, University of Edinburgh, in www. issti. ed. ac. uk.

例如一些科学和技术研究中已经储备了许多知名的跨学科鉴定专家，而对于那些尝试提出新的跨学科项目的计划来说，问题则比较突出，因为很难找到得到广泛承认的合适学者，其个人的资质符合评议的条件。

因此，在学术机构内部倡导跨学科的文化十分重要，特别是鼓励评审人员更深入地思考项目的主旨、跨学科方法的益处、适合参与的学科、需要整合的程度，以及这一整合如何得以实现。除了单个的评审人员，那些与委托和资助跨学科研究有关的组织，以及直接相关的专家评议小组也需要重新思考自身的工作程序和标准。在一定程度上，鉴于为跨学科申请确定合适的评审人员存在困难，这种评议小组成员的作用相应地增大，因为他们可以知晓鉴定者的评论以及考虑跨学科整合的质量。

从评审的角度而言，考察一项跨学科研究的计划时需要明确，好的跨学科计划应该是偏重目标的（goal-oriented），能够很好地对方法和学科之间的协同进行说明；较之单一学科的项目，跨学科项目随着进程而发展和改变的可能性会更大，因此，应注意计划是否有灵活的时间表，虽然最终目标应该是明确的，但实现的路径有可能随着项目的进展而不断调整。

既然时间和路径都是灵活的，项目的研究团队也需要更为灵活，因此无论申请人还是评审者都需要充分地意识到这一点，以便在一系列决策点上评估项目的方向，并根据需要重新设置重点。明确的项目计划还应该对团队成员的选择以及他们的相关经验有足够确定的说明。

鉴于跨学科计划需要更大的灵活性，因此较之学科项目，跨学科项目必须要经历一个更长的研究准备阶段，特别是那些专注于问题的研究。鉴于此，一个新项目启动初期的预备阶段可能相当长和复杂，这可能使评审人员质疑项目计划书不够清晰，这就需要申请方和评审人员进一步的相互了解和沟通，以便达成某种程度上的共识。

问题导向的跨学科计划多数由公共或商业需求所驱动，在这种情况下，很难根据学科及其范畴对问题给予最初的表述。这类问题没有明确的学科标签来标示其各种各样的组成部分，特别是了解这些组成部分之间如何互动要更为重要，因此，评审方更要关注，这个跨学科项目是否为各个学科和不同模式之间的整合提供一个积极的战略，因为这种特殊任务对于项目的成功和综合成果的发布是非常关键的。

# 第三章 跨学科研究的组织、管理与评估

我们已经认识到，无论是学科研究活动还是跨学科研究活动，都不仅是个体智识层面的事情，同时也依赖于相关学术体制（建制）的配合。关于跨学科活动在社会建制（social institutions）方面的需求和特点，在讨论有关跨学科活动的"良好实践"时，OECD 曾提出以下几个关键要素，涉及科研政策、组织、教育和基础设施等，包括：（1）研究团队成员能够经常接触、面对面交流，这是跨学科团队协作的必要和关键条件；（2）灵活运用"兼任""合聘"之类的模式，实现跨学科团队的整合；（3）不仅要有组织形式上的跨学科研究网络，还要给予研究团队充分的时间；（4）研究人员首先需要具有某个学科的专长，而其他学科知识的补充培训也必不可少；（5）为了满足跨学科研究者经常旁征博引的需求，更加灵活的图书文献保障和学术信息服务变得更为重要。[①]

---

① OECD，*Interdisciplinarity in Science and Technology*，Directorate for Science, Technology and Industry，OECD，Paris，1998，转引自 L. Grigg, R. Johnston & N. Milsom, Emerging Issues for Cross-Disciplinary Research: Conceptual and Empirical Dimensions，2003，in http://www.dest.gov.au/sectors/research_sector/publications_resources/other_publications/emerging_issues_for_cross_disciplinary_research.htm，p. 15。

在美国科学院《促进跨学科研究》（*Faciliate Interdisci-plinary Research*）报告中，根据跨学科研究的实际参与者们的意见，成功的跨学科活动有若干必不可少的先决条件[1]，我们将散布在该报告中的对这些条件的论述集中起来，以表格形式罗列于下：

| 保障因素 | 具体内容和实现方式 |
| --- | --- |
| 学术交流与合作的环境 | 促进同一机构内的学生、博士后学者和项目负责人之间沟通的研究班，促进不同机构研究者之间联系的专题研讨会，团队成员之间的经常性会面，共享仪器设备，共同的工作场所，团队哲学，等等 |
| 项目领导者 | 有能力整合各方面资源并对跨学科活动进行管理的领导 |
| 时间保障 | 给予团队彼此磨合达成协作以及创新以比较充分的时间 |
| 资金保障 | 发起探索阶段的种子资金、研究过程中的黏合资金（glue fund） |
| 激励制度 | 适当的回报和激励机制（包括职业和经济上的回报），例如针对跨学科工作提供终身职位和制定晋级政策，对促进跨学科研究的学术领导人给予奖励，给予成功的跨学科研究的实际工作者以专业承认 |
| 评价体系 | 聘用具有丰富跨学科研究经验的专家来进行评估 |
| 风险承担 | 承担风险研究的意愿，即愿意为创新承担一定风险 |
| 其他便利条件 | 文献信息的支持服务，生活服务如开设自助餐厅等 |

---

[1]　Committee on Facilitating Interdisciplinary Research，National Academy of Sciences，National Academy of Engineering，Institute of Medicine，*Facilitating Interdisciplinary Research* ，National Academies Press，2004，p. 21.

# 第一节　跨学科研究的组织形式

在任何学术活动中，作为主体的人的能动性自然是第一位的。按照跨学科研究者自身的学术能力特点，可以分为"通才"和"以问题为导向的人才"。"通才"更愿意独自工作，他们利用个人的知识基础来阐释广泛的研究问题，寻求掌握更多领域的知识，追求跨学科的综合而不是出版物的数量。"以问题为导向"的研究者则具有多方面的才能，依据问题的性质，他们可以就某些课题独立工作，也会针对性地寻求更大范围的合作，他们有能力将个人的学识与咨询意见相融合，将广度和深度相结合，由此形成跨学科整合的成果。

但作为更普遍的形式，跨学科活动表现为集体参与、分工合作，因为"由拥有不同专长的合作者组成的研究团队的生产率和效率是毋庸置疑的"[①]。参与者包括"团队领导者"与"合作者"。一般而言，研究者若是作为"团队领导者"，那么他主要起一种管理的作用，通常采用招募方式，寻找合适的专家，努力掌握更多领域的知识，集中力量去争取实质性的研究进展。特别需要指出的是，跨学科研究小组的成功在很大程度上依赖于制度的保证和研究领导者的才能，有眼光的、具有高效交流能力和团队建设能力的领导者可以促进学科的整合。若研究者作为"合作者"，他们一般乐于与来自其他领域的同事

---

① Committee on Facilitating Interdisciplinary Research，National Academy of Sciences，National Academy of Engineering，Institute of Medicine，*Facilitating Interdisciplinary Research*，National Academies Press，2004，p. 17.

一起工作来应对亟待研究的问题，努力倾听同事们的信息和建议，依此了解和掌握其他领域的视角、观点和方法，进而成为某一领域的专家。

那么，通过怎样的体制形式来组织跨学科活动呢？

## 一　研究中心/研究所形式

相关研究认为，研究中心是将多个不同学科的研究者集合起来的最佳组织形式之一。

2002 年，在美国国家科学基金会的资助下，以戴安娜·罗顿（Diana Rhoten）博士为项目负责人的课题组，利用一年半的时间，对美国高等教育机构中的跨学科研究中心的内部运作以及开展合作的社会和技术条件进行了调查分析。[①] 结果发现，以中心作为组织形式可以在许多方面促进和支持跨学科活动的开展。例如，调查显示，平均 60% 的研究者确信他们在中心内从事的研究的确是多学科的或跨学科的，表明中心为其成员增加了从事多学科和跨学科研究的机会。除此之外，中心还非常有利于研究者之间开展互动交流，调查显示，在中心工作的研究人员每周至少可以与 10 名其他学者进行交流，特别是他们每月与其他学科学者的跨学科互动交流机会达到 14 人次左右，这在传统的系的结构内是很难实现的。除了中心在其内部所创造的更多的机会外，调查还发现，跨学科的研究中心

---

① Diana Rhoten et al. A Multi-method analysis of the social and technical conditions for interdisciplinary collaboration，Funded by the National Science Foundation，Biocomplexity in the Environment，2003，in http：//www. hybridvigor. net/interdis/pubs/hv_pub_interdis-2003. 09. 29. pdf.

还可以对其成员的更广泛的研究日程和职业轨迹产生影响。平均而言，83％的研究者相信他们参与中心的工作对自身的研究日程具有积极影响，而74％的人相信对他们的职业轨迹会产生积极的影响。这项调查从研究者的角度证明了跨学科研究中心的合理性与活力。

在一项针对148个国家（不包括中国）的人文社会科学研究机构的调查中发现，跨学科的研究机构已经占了相当的比重。具体而言，在被调查的4531个人文社会科学研究机构中，有962个属于多学科、跨学科的研究机构，占总数的21％。鉴于这个数字基本上不包括自然科学的研究机构，因此在当今世界各国的教育科研体制仍以传统学科为基础的情况下，不能不承认这是一个相当高的比例，这不仅说明跨学科研究的发展已经达到了相当普遍的程度，而且说明这一研究活动得到了越来越坚实的制度支持和保证。[①] 而在这些跨学科机构中，有相当比例就是以研究中心作为组织形式的。

除了研究中心，还有其他一些形式的组织也是特别有利于跨学科活动的，如虚拟研究中心（virtual research centres）、网络（networks）和实验室（laboratories）等。从管理层面而言，大学内部的虚拟研究中心一般允许学者仍然在系中任职，但是他们从事虚拟研究中心的工作或是通过各种途径为中心做出贡献；跨校的虚拟研究中心是在大学间建立的，有些具有国际背景，例如在欧盟框架计划之下的卓越网络（EU's Net-

---

① 中国社会科学院文献信息中心研究部编：《国外人文社会科学机构手册》，社会科学文献出版社2007年版。

works of Excellence，从内在含义而言，也可称为高级前沿研究网络）内就包括了许多建立在国际合作基础之上的"虚拟实验室"（virtual laboratories）和"虚拟研究中心"（virtual research centres），而且这些实验室和中心都有着明确的目标，即扩展跨学科研究的机会。[①]

不管是研究中心、网络还是实验室，这些特别的机构形式都具有与传统系不同的一些优势，例如设立在大学内的研究中心或实验室处于僵化的学科和学院结构之外，它们可以聚集大学内部以至大学之外的学者一起研究某个特殊的问题，或是在一个特别的跨学科框架中工作；这样的机构形式可以有效地将大学与工业领域中的需求联系起来，由此开展以需求为导向的研究，也使中心必然地具有了跨学科的性质；这类机构最有利于跨学科人才的培养，特别是博士一级的人才，鉴于多数中心或实验室是直接与用户挂钩，因此它们为其中的研究者提供了在学术领域之外建立交流和合作网络的机会，有利于跨学科研究能力的培养和熏陶。

## 二　企业/国家实验室形式

相较于人文社会科学的跨学科组织形式多采取中心或研究所的建制形式，实验室则是科技领域跨学科活动的主要建制形式。例如在美国，大型的企业和国家实验室就是该国多元化研究部门中的重要组成部分。由于这类实验室的研发战略常常与一些复杂的现实问题或挑战相呼应，要求多个领域

---

[①]　European Union Research Advisory Board，Interdisciplinarity in Research，2004，in http：//ec. europa. eu/research/eurab/pdf/eurab _ 04 _ 009 _ interdisciplinarity _ research _ final. pdf，p. 6.

和各类技术的专业知识，因此它们大多具有深厚的跨学科研究的传统。同时，这类实验室对于美国国家的科学和工程学研究事业而言，还发挥着研究和培训的双重功能。

美国最早的正规企业研究计划出现于一个多世纪以前，如1900年，通用电气就开始资助位于纽约州斯克内克塔迪的通用电气研究实验室，以生产并利用相关的科学知识。工业研究突飞猛进的发展始于第二次世界大战后的数年间，这时一些大型的工业试验室，如杜邦公司实验中心（DuPont's Experimental Station in Wilmington，Delaware）、IBM 华生研究中心（IBM's Watson Research Center in Yorktown Heights，New York）、美国电报电话公司贝尔实验室（AT & T's Bell Laboratories at Murray Hill，New Jersey）、施乐帕洛阿尔托研究中心（Xerox's Palo Alto Research Center（PARC）in California），等等，这些实验室的实践经验为全球确立了以问题为驱动的跨学科研究和发展的标准。到 20 世纪末，美国工业为国家研发活动提供的资助已经达到一半以上，联邦政府的资助则占 40% 多。而在工业界提供的全部研发支出中，1/4 以上给予了研究，其余的则投入到发展方面，这一比重自第二次世界大战以后基本保持不变。

20 世纪 80 年代，美国多数企业研究实验室经历了缩减，并将重点从研究转向开发，即便如此，工业研究依然保持着它的跨学科特征和其内在的灵活性，主要原因在于工业研究的层级结构（hierarchical structure）、目标更为集中和不够开放的性质，以及没有学术界的那类任职体系。

美国最为大型并具有范例意义的工业实验室有 IBM、施

乐以及英特尔等公司。以 IBM 为例，众所周知，这类企业的
发展是极大地依赖于其研究能力的，况且技术的发展也不是一
条线性的路径，正因如此，IBM 始终强调跨学科研究的重要
性，一直支持自己的基础研究计划，保持着一支跨学科的团
队，一旦问题出现，即可以对其开展全方位的对应研究，适时
地应对挑战和调整公司的方向。对于 IBM 在跨学科研究方面
取得的成功，有三点经验非常值得重视：首先要有一支信任跨
学科研究的行政管理团队，并使其成为公司文化的重要组成部
分，例如 IBM 的物理学茶话会已经存在了 50 年，目的在于鼓
励其员工跨越学科界限开展交谈和交流；其次，在团队的组织
中纳入多种技能，研究计划的失败往往源于活动所需技能的短
缺，而不是因为研究团队是跨学科的；最后，在公司中保持多
种多样的技术力量，这样一旦出现了紧急的新项目，可以最快
地集结适宜的跨学科团队以对其做出反应。

美国科学院的报告认为，IBM 的经验不仅对于其他研究型
企业，而且对于学术界也具有相关性：首先，应该促进员工跨
越学科界限开展更多的接触，在 IBM 的员工评议过程中，对于
那些跨越学科界限开展互动和交流的人员会给予更多的分数；
其次，设计一种激励和奖励机制，鼓励研究人员与其他系科的
研究者合作撰写和共同署名论文；最后，资助短期的休假，使
研究者在每 3.5 年的周期中可以有半年的时间参与其他部门的
活动，以此了解其他系和学科的文化以及他们所面对的挑战。①

---

① Committee on Facilitating Interdisciplinary Research，National Academy of
Sciences，*Facilitating Interdisciplinary Research*，2004，p. 46.

　　除了工业实验室，美国的联邦机构也以建立国家实验室的形式开展研究，以服务于它们总体使命中的科学和技术目标。尽管国家实验室也从事与大学一样的基础研究，但由于其主要工作与工业实验室相类似，是组织管理严密的、由项目和预算所驱动的活动，因此它们有能力组成有规模的、解决大型科学问题所需要的跨学科团队，在较长时间内从事紧密协调的跨学科研究。

　　对于国家实验室与大学、工业实验室的不同之处，美国橡树岭国家实验室（Oak Ridge National Laboratory，ORNL）的主任温伯格（Alivn Weinberg）做了如下比较：国家实验室与其他部门研究的不同之处在于，大学依照学科的视角来确定其研究重点，工业组织根据营销和盈利能力的目标确定其研发重点，而国家实验室则根据全球的、国家的和社会的需要来确定它们的研究重点，这些需求通常需要由跨学科的、长期的或有风险的研发活动来应对。①

　　目前，美国许多机构仍然保留着国家实验室，规模最大也最为知名的包括能源部、国防部、国立卫生研究院（National Institutes of Health）和国家航空航天局（National Aeronautics and Space Administration）等，其中有些实验室聘用的研究人员达数千名，技术装备先进，同时还可以提供最好的研究和培训机会。

　　由于工作的跨学科性质，国家实验室倾向于聘用那些乐

---

　　①　Committee on Facilitating Interdisciplinary Research，National Academy of Sciences，*Facilitating Interdisciplinary Research*，2004，p. 52.

于在团队中工作的人，当然，首要的条件是具备实验室工作所需的相应技能。除此之外，它们更看重交流能力、写作能力，以及是否有与其学科之外的研究人员和谐相处、共同工作的证据。

国家实验室的工作通常组织为一种矩阵系统（matrix system），员工被分派的任务通常涉及广泛的科学领域，而不是一门单一的学科，研究计划的组织和推动由交叉计划办公室（cross-cutting program offices）负责，项目负责人通过筛选组织团队来着手解决问题，在此过程中需要找到具备相关技能的人员，并邀请他们讨论手头的问题，那些显示出对所面对的问题有激情，并清楚如何将自己的工作与共同的愿景相结合的人可以自我选择是否参与合作。讨论小组还可以扩展到其他前沿领域的跨学科研究中心，以谋求从其他领域补充专长。

美国国家实验室的实践可以为那些乐于促进跨学科研究的学术机构提供一些借鉴。国家实验室的科学家们还就推进跨学科的研究方式提出了这样一些建议，可供大学等学术机构参考。例如鼓励有前途的处于学术生涯初期的研究者摆脱过于狭窄的学科追求；鼓励和奖励团队研究，而不是贬低这种方式；如果有可以随意支配的研究经费，多向那些包括或代表了跨学科方向的计划倾斜；鼓励有影响的资深研发人员评价和参与跨学科研究，使他们为年青一代参与跨学科研究做出榜样；拨出经费作为跨学科研究的种子经费。还有诸如"届满条款"（sun-set clauses），即在一定的周期之后，由评审人员组成的小组考察该计划是否还应保持，或是可以进入一个逐渐淘汰的阶段，转而导向一个新的课题。①

　　总之，不管是企业实验室，还是美国的国家实验室，都已经在跨学科实践中积累了丰富的经验，虽然在工业背景下和政府环境中的研究管理较之学术界更为"自上而下"，但是大学仍然可以通过借鉴工业和国家实验室所采用的跨学科研究战略而受益。其中需要特别给予关注的包括以下几个方面：探索灵活的组织结构，使资源和人员可以方便地向最具发展前途的研究主题转移；建立奖励制度，对杰出的跨学科研究的成就给予承认；明确并专注于实验室或研究机构的使命；给予探索新知识的各个研究小组灵活性和支持；依据宽泛的科学主题或特殊挑战来组织实验室，而不是依据学科；利用自身机构之外的设备和专家来解决特别的问题。

## 三　跨学科研究组织与管理的典范：以美国国防部高级研究计划局为例

　　美国国防部高级研究计划局创建于 1957 年，有着长期支持高风险和跨学科研究的记录，在 1960 年，计划局开始为跨学科的实验室提供支持，通过推动高度的组织灵活性并降低合作的障碍，为各种复杂的跨学科项目和创新给予支持，使其在促进美国的战略科技进步尤其是材料科学和工程学方面发挥了关键作用。因此，美国国家科学院的报告认为该局的工作可以作为一种有效的跨学科活动的全球典范。②

---

　　①　Committee on Facilitating Interdisciplinary Research，National Academy of Sciences，*Facilitating Interdisciplinary Research*，2004，p. 59.

　　②　Ibid. ，p. 123.

　　计划局之所以在支持高风险和高回报的跨学科研究方面取得成功，源于其一整套的科学研究的组织和管理方式。具体表现在这样几个方面：（1）计划局在项目征集（Solicitation）上偏重于困难的问题或新出现的科学与技术机会，而不是以学科为根据；（2）不围绕学科来组建办公室，计划局的国防科学办公室（Defense Science Office）的 20 名技术人员至少代表了13 个科学、工程学和医学学科；（3）国防部乐于以很小的预算比例（不到 1%）投资于激进的创新，当然，这一微小比例的数额也是很大的；（4）计划局坚持雇佣高资质的项目管理者，一般任期是 4—6 年，这样确保持续地引入新的观念；（5）计划局的项目管理者有责任开发研究计划，他们一方面与研究团体，另一方面与用户共同体开展持续的互动，由此确定需要研究的问题。这种互动还使得这些管理人员对于国家需要发展的技术能力，以及前沿的科学和工程领域的问题和障碍都非常熟悉，如果能够以相应资源和创造性的跨学科方法来应对，就有可能导致革命性的发展。（6）计划局的项目管理者不仅开发计划，而且管理计划的征集和遴选，由此他们对于予以资助的计划有着全面的把控，他们更鼓励具有风险的和不太成熟的想法，而不是一般性地依赖于传统的同行评议过程；（7）计划局没有"授权的界别"（entitled constituencies），可以为学术界、工业界和国家实验室提供研究资助；（8）计划局有意愿提供大额经费资助，而这对于将多个学科的研究者集聚至相当数量（critical mass）通常是必要的；（9）计划局的项目管理者在鼓励他们所资助的研究团队之间的互动上常常扮演事必躬亲的角色。

## 四　更加灵活的组织形式

在一个研究项目中，并不是通过多个学科的聚集就自动产生了跨学科研究，还需要做出额外的努力促进一支包括来自不同学科研究者的核心团队的形成，合并多个知识领域的专业知识，并克服不同学科研究者之间的交流问题。这意味着跨学科项目更为庞大，更为昂贵，并需要更长的时间才能提交高质量的出版物。具体而言，这也可能意味着需要更多次的出差，以在更广泛的基础上和团队成员建立联系，并参加多种多样的会议，以便让所有潜在的受众了解项目和研究的成果。特别是，不少研究机构或学者都提到聚会和交流的机会和场所的重要性，认为这种面对面的交流可以激发灵感，相互学习，为他们新的想法和新的计划做出铺垫。

在聚集学者方面，一种方式是为来自不同学科、系和学院的研究者提供定期会议的场所，尽管现在处于高科技和网络交流的时代，但是摩肩接踵仍然是有帮助的，因此不可小视这类机会的提供。美国的弗雷德·哈钦森癌症研究中心（The Fred Hutchinson Cancer Research Center）就将这种做法固定化，该中心为一个"跨学科俱乐部"提供支持，将研究生、博士后学者以及研究人员聚集起来，讨论和交流各自的研究，以此激发新的想法和研究方向。

资助组织也可以通过为讨论跨学科主题的会议提供场地和经费的方式提供帮助。例如，国家科学院凯克未来计划（National Academies Keck Futures Initiative，NAKFI）就资助和主办年度会议，每次都有来自不同研究部门的上百位科学家受邀参加，集中于某个正在形成的跨学科研究主题进行讨论。可见，将研究者聚集起来对于形成计划、增加项目的成功机制是有效的。

## 第二节　跨学科研究人员的选聘

在跨学科研究得以推进并取得显著效益的新型机构，其人员选聘和研究组织的制度形式也要进行配套改革，以帮助那些有志于从事跨学科研究的学者克服障碍，进入学术领域施展才能；同时，也可有助于需要依赖这种新型研究方式的机构和组织，恰当地施行组织和管理，以实现预期的任务和目标。这个问题的另一个方面是，科研机构和研究型大学越来越需要聘用拥有丰富科学知识的管理人员，并为他们提供职业前景，而其管理者反过来也需要更加全面的跨学科培训。

事实上，具有多学科、跨学科教育背景的人才在进入预备终身教职（tenure-track），进而走上正规的职业轨道的过程中，要比那些单一专业的博士毕业生更为困难，因为他们首先要寻找到乐于接收他们的合适的系，进而在其中取得认同。目前，美国大学普遍采取的办法是提供联合聘请的席位（joint position），薪金也是由联合任命的单位分担。在美国科学院促进跨学科研究委员会所做的调查中，有75%的被访者称，自己所在的研究机构有10%以内的教研人员是联合聘任的职位。

然而，即使找到了合适的接收机构，在进入之后可能还会面临额外的挑战。比如有些研究所或是系，它们虽然充分肯定跨学科的价值，但是却会要求这些跨学科的教研人员承担双重的责任（double duty），即首先要参与学科的工作和系里的活动——包括发表成果、教学和服务，而后寻找额外的时间来从事跨学科研究。美国科学院的调查显示，不少初级教研人员为做到这一点，只好采取学科的方式来从事他们的跨学科工作，例如他们会选择学科刊物而不是综合刊物发表研究成果，通过从事与他们跨学科兴趣无关的纯学科研究来增进聘用单位和周围学者对他们的信任等。在外系参与教学和指导等工作通常也是得不到支持的，即使"联合指导"是培养学生跨学科兴趣的最佳方式，一般情况下也是不受鼓励。至于要获得终身职位，教研人员反映最强烈的就是升职标准问题，一方面他们的跨学科工作的成绩没有得到充分肯定，而纯学科研究的成果又难以与专业的学者匹敌。其次，寻找到合适的、能够了解工作的整体质量的评议人员也非常困难。因此，如何减轻跨学科人员在招聘和进入事业轨道过程中面临的困难，也是制度建设中的重要问题。

要推进跨学科活动的人力资源建设，跨学科教职人员的招聘需要改变旧有的程序。目前一般大学或研究机构的遴选委员会（search committees）都是属于某一个系或是学科，如果希望推进跨学科的教学和研究，就需要成立跨学科的遴选委员会，这一委员会应与系的遴选委员会相互理解并协调好关系，与各系的管理人员就联合招聘的师资条件进行协商，并跨越系的局限来进行面试，同时还需要行政部门为此提供所需的资源和空间。美国科学院的报告在有关章节描述了若干人员招聘方面的创新做法，例如采取全校范围的招聘政策来推动跨学科研究，像亚利桑那州立大学（Arizona State U-

niversity）就已经在十多年前打破了系的聘用界限，并为招聘
跨学科人员提供过渡经费；哥伦比亚大学则划拨了 15 个教师
名额，大学前 5 年为其提供薪水，所在院系则承担之后的支
持；另如美国国家大气研究中心（National Center for Atmos-
pheric Research）每年留出 4 个职位专门聘用有着跨学科兴趣
的助理教授，大学和系共同分担对其薪酬等方面的支持；另外
加州理工学院（California Institute of Technology）特别计划
在信息技术领域聘请 25 个跨学科教师。①

　　在这些涉及招聘的创新做法中，给人印象最为深刻的是威
斯康星大学的"集群招聘"（cluster-hiring）计划。威斯康星
大学麦迪逊分校的"集群招聘"计划发端于 20 世纪 90 年代中
期的校园战略计划过程，这一创新活动涉及一项由教务长协调
的全校范围的竞争，以确定若干以小组或称"集群"为单位的
新教师聘任，他们可以共同从事某项跨学科的计划或正在形成
中的探索领域。通过建立这一计划，校方可以了解现有的课程
需求、各个系的传统以及在师资管理中可能对各系在探索教师
聘任中进行改革所造成的限制，例如系里面也许不能雇佣那些
有志于新的、更具实验性、尚未成熟的研究方向或是跨学科研
究的教师或研究人员，因为这些都偏离了单一学科的核心工
作。现有的学术文化和学术结构倾向于复制已有的专业领域，
推崇个人的努力而不是集体的工作，这些同样限制了专业院校
中各个系的招聘能力，并限制了对跨学科和合作教学研究的激

　　① Committee on Facilitating Interdisciplinary Research，National Academy of Sciences，*Facilitating Interdisciplinary Research*，2004.

励和奖励。

在"集群招聘"中，由教务长在全校范围的教师中征集计划，从中确定有前途的题目组织合作研究。从 1998 年起，该校的教师们提交了数百条资助教师路线的计划，大多围绕着新的和有前途的跨学科和合作探索的领域。在 2003 年之前，大学共进行了 5 个阶段的集群确认和资助；在整个 2003 年，有 49 个集群 137 名新的教师得到确定从而获得中心资助，而下设学院也配套增设了 6 个额外的集群教师职位。

教务长任命的教师咨询评议委员会（Faculty Advisory Review Committee）由 6 人组成，其中 4 人分别来自 4 个不同部门和研究委员会，另外两人由校长指定。在专门负责人事计划的助理校长（assistant vice chancellor）协调下，委员会依据 5 条标准来评估初步计划和正式计划，这 5 条标准是：创新的质量和价值，与大学的使命和愿景的相关性，时机是否合适，成功的潜在可能性，以及可能具有的师资多样性。

利用这一创新的招聘方式，有些系利用这些职位来补充和加强本系的核心学科，更多情况下，集群招聘的职位则主要支持各系现有的跨学科计划。对于这一招聘方式的创新，评议委员们听到的赞许要多于批评，而教师和研究人员表达更多的则是对于履职评议、薪酬平等和设备支持等方面的关注。①

---

① Committee on Facilitating Interdisciplinary Research，National Academy of Sciences，*Facilitating Interdisciplinary Research*，2004，pp. 100 – 101.

# 第三节　跨学科研究的评估问题

随着跨学科研究和跨学科教育的日益广泛，参与的人员、机构、项目以及作为成果的出版物大量增多。然而对于跨学科作为一种知识生产方式的再认识，也伴随着对这一活动的质量的担忧。同时，为跨学科活动给予经费支持的各类资助组织和学术机构也迫切需要有效的方法来评估它们的投入所产生的成果和效果，以确定其目标实现与否。更重要的是，跨学科研究评估不同于学科研究评估，具有一些特殊性，这些特殊性主要来自于跨学科研究知识生产活动的特殊性。

## 一　跨学科评估问题的研究文献

如何确定有质量的跨学科研究计划并给予资助，哪些质量指标可以区分成果质量的优秀与平庸？如何在不同的认识角度之间取得平衡？如何组织评估活动，哪些人应该参与评估，且当学科的标准不足时，采用哪些评估程序更为适宜？解答这些问题，对于保障高质量的跨学科研究的可持续性意义重大，也激励许多从事跨学科研究的学者和相关机构、项目开展了调查和研究，多数学者在一些原则问题上取得共识，还有的研究项目和研究报告提出了一些切实可行的意见和建议。

克莱恩教授（Julie Thompson Klein）所撰写的《跨学科研究评估：文献综述》（Evaluation of Interdisciplinary and Transdisciplinary Research，A Literature Review）一文就截至 2008 年所发表的针对跨学科研究评估的主要文献进行了综

述，为我们提供了相关研究的一个概览。此外，2010 年出版的《牛津跨学科手册》专设了"评估跨学科研究"（Evaluating Interdisciplinary Research）和"同行评议"（Peer Review）的章节，对跨学科的评估研究进行了梳理，综述了相关研究的观点和见解。

除上述综述性文献，相关的会议和研究报告提供了更为具体的调查结果和意见观点，例如哈佛大学哈佛教育研究学院的跨学科研究项目（Interdisciplinary Studies Project，Harvard Graduate School of Education）用了两年的时间对在跨学科研究机构工作的 60 位研究者进行了访谈。这项调查通过深度访谈、半结构访谈、抽样调查以及研读机构的相关文献，获得了大量第一手资料，在此基础上，项目负责人韦罗尼卡·B. 曼西利亚（Veronica Boix Mansilla）和霍华德·加德纳（Howard Gardner）撰写了《在前沿领域评估跨学科工作："质量标志"的实证分析》（Assessing Interdisciplinary Work at the Frontier：An Empirical Exploration of "Symptoms of Quality"）一文[1]，系统归纳了学者们对跨学科评估的难点、质量标准和评价原则的看法和建议。

此外，美国科学院《促进跨学科研究》（*Facilitating Interdisciplinary Research*）报告中的"评估跨学科研究和教学的成果"（Evaluating Outcomes of Interdisciplinary Research and Teach-

---

[1]　Veronica Boix Mansilla & Howard Gardner，Assessing Interdisciplinary Work at the Frontier：An Empirical Exploration of "Symptoms of Quality"，2003，in http：//www. goodworkproject. org/wp-content/uploads/2010/10/26-Assessing-ID-Work-2 _ 04. pdf.

ing）一章对于评估提供了系统的重要信息，不仅涉及研究，对于教学活动的评估也提出了具体的指导性建议。更早一些，澳大利亚研究理事会发布的讨论稿《跨学科研究》（*Cross-disciplinary Research*）则针对澳大利亚研究理事会的资助评估问题进行了专门研究，并提出了若干备选的建议。[①] 而芬兰科学院的《推动跨学科研究》（*Promoting Interdisciplinary Research，The Case of the Academy of Finland*）[②] 报告也用大量篇幅就科学院内部跨学科研究计划的评估进行了描述和分析。

上述文献都指出，评估是跨学科活动中的一件十分复杂和困难的任务，主要原因包括以下一些因素：第一，跨学科活动往往包括一个以上的学科、专业或领域，甚至这三种不同的知识系统和组织形态都可能同时存在于一个项目中，而知识生产的质量评估常常依据各学科的质量标准和实践，一些时候，参与的学科和领域在认识论视角和验证标准方面可能存在差异，甚至存在不可调和的冲突。第二，研究活动的规模千差万别，既有小型的研究课题，也有国家级别的研究项目；既有来自不同学科的学者个人之间的合作，也有大型的、有组织的、系统的、跨部门的，甚至有外部利益相关者参与的项目。第三，项目进展的不同阶段，评估标准也不同，事前、事后以及由知识领域、驱动力量、设计目标以及整合形式所导致的计划和课题

① L. Grigg, Cross-Disciplinary Research: A Discussion Paper, Commissioned Report, No. 61, Australian Research Council, 1999, in http://www.arc.gov.au/general/arc_publications.htm#1999.

② Henrik Bruun, Janne Hukkinen, Katri Huutoniemi & Julie Thompson Klein, Promoting Interdisciplinary Research, The Case of the Academy of Finland, Publications of the Academy of Finland, 2005.

的不同，必然会相应地寻求不同的标准。第四，跨学科活动中整合的规模各有不同，有小范围的、中等程度的或邻近学科之间横向的跨学科知识整合，也有大范围的、纵向的、认识论上存在分歧的诸多学科之间的大规模整合。第五，跨学科研究往往发生在一些新兴领域当中，其中的高度创新的工作几乎没有先例可循，因此创建验证标准就成为其探索过程本身的重要组成部分。

## 二　跨学科研究评估的一般性原则

尽管不同的案例研究和实验分析提出了不同的观点和建议，但对于跨学科研究的评估是否存在一般性或者说总体性的原则呢？研究跨学科问题的资深学者克莱恩教授通过对 20 世纪 90 年代以来相关文献的梳理和分析，指出对于跨学科研究的评估应遵循 7 条一般性原则。这 7 条原则是：（1）目标的变化性；（2）标准和指标的变化性；（3）整合的杠杆作用；（4）合作中社会和认知因素的互动；（5）管理、领导能力和指导；（6）一个综合和公开系统中的重复；（7）有效性和影响。

具体而言，这 7 条原则大致涉及以下一些问题。

第一条原则，目标的变化性是指跨学科研究不是由单一目标所驱动。一些相关调查发现，不少跨学科研究都强调了多样性原则。例如芬兰科学院一个整合研究（integrative research）小组对学院内部有关资助问题的调查表明，研究计划之所以选择跨学科的方法，其最重要的理由是认识论需求，即针对一种特殊现象进行新的更为概括性的知识生产。被调查者特别提到通过新的方法的采用，以及通过共享知识、技能或资源所激发出的潜能和协同作用。在这类计划中，方法论的跨学科性占据主导地位，主要是通过将来自不同领域的具体方法和研究战略进行组合，以便检验一种假设、回答一个问题或者发展一种理论。来自哈佛大学的调查也显示，那些致力于解决实际问题和产品开发的跨学科研究者尤其重视其成果的可行性、可操作性以及影响，如果研究是寻求为复杂现象建立演算模型（algorithmic model），那么其评判标准多与简单、预测能力和简约性相关。相应的，如果研究目标在于获得对多维现象的更为根本的认识，其评判标准则偏重于是否形成了更高水准的综合、描述是否细致以及是否具有实证基础等方面。由此，目标的多样性转而导致衡量跨学科研究的质量标准和指标的多样性。

第二条原则，即标准和指标的变化性。克莱恩有关这一原则的详解主要来自哈佛的案例和美国国家科学院的报告。哈佛大学的研究团队通过访谈了解到，在研究人员对于跨学科研究质量的描述中，常规标准占据了主导地位。这些学者指出，他们一般会受到间接的或是基于学科领域的质量指标的评价，这包括专利、出版物的数量和被引次数，资助机构和发表刊物的威望，以及在同行和更大范围内获得的认可。因此，首要的知识标准是与各个"之前的学科知识"标准相一致，通过"符合"学科先例而使其研究成果的可靠性得到加强。接受调查的学者们指出，基于领域的标准主要依靠同行评议、主体间协议（inter-subjective agreement）以及就什么是可接受的成果所达成的共识等，然而这些程序回避了这样一个问题，即有保证的跨学科知识到底由哪些要素所构成。学者们对于上述标准大多持批评态度，认为这更多代表了一种绝对的学科评估，而跨学科评估真正需要的是有关"好的"工作的更为根本的标准，它应该涉及研究的本质和特性，以及解决此前在单一学科中未予解决的问题的能力。

美国国家科学院的《促进跨学科研究》报告中，也提出了区别于单一学科的质量标准，诸如得到扩展的经验、词汇和方法与设备；在多个学科中工作的能力；更强的跨学科合作的倾向，以及更为宽泛的专业阅读的范围。在为撰写此项报告而开展的全国性调查中，其所收到的反馈意见还提到过这样一些可资参考的情况：参与新的分支领域和科、系的工作，参加多学科的咨询和评议小组，形成新型的隶属关系，以及联合指导博士生，等等。

总之，跨学科研究的评估标准较之学科的标准要更为宽泛、灵活，并需要根据具体的情况进行调适。

第三条原则为整合的杠杆作用。整合被公认为是跨学科活动中至为重要的一环，有学者将整合作为跨学科项目评估的关键点，哈佛大学的专项调研就将整合确定为评估的三个重要基础之一，即平衡地综合各种视角和观点。2006 年美国科学促进会（American Association for the Advancement of Science）召开的相关研讨会中，提到了涉及评估的 4 个热点问题，其一便是"实现有效的综合"。与会学者认为：能够挂上多学科的标签或许是必要的，但仅此并不足以形成跨学科的研究成果。成功的综合可以提高研究者对其所研究问题的理解，给予综合的解释或得到新的解决方法。在知识整合与合作的过程中，有的跨学科研究机构还强调了经常性的交流机会、制度架构的支持和跨学科的伦理标准。

克莱恩本人在其"整合的导向问题"（Guiding questions for integration）一文中也强调了从项目的开始即进行整合的重要性。克莱恩还特别提到与整合有关的一些评估问题，这些问题有助于促进整合和监控一个项目或计划中的各个组织、方法论和知识组成部分之间的关系，其中包括：就任务目标而言，学科和领域的范围是过于狭窄还是过于宽泛？相关的方法、手段、合作者是否已经确定？机制是否足够灵活，人员的组合能否改变，以及根据情况进行增减？资料、观点和方法的相关性的建模和测试是否体现了综合？是否采用了已有的整合技巧，例如德尔菲法、情景构造（scenario building）、一般系统论以及对利益相关者观点的计算机辅助定性分析？以及是否提供了一致性和整体性，或二者兼备的统一的原则、理论或问题。

第四条原则是合作中社会和认知因素的相互作用。不少学者在对跨学科合作的研究中都强调了社会和认知因素的互动，如有学者将在跨学科环境中的研究形容为"一个知识生产的社会过程"。

哈佛大学的相关研究中，研究者通过调查，指出跨学科活动需要调整此前五花八门的标准，并通过折中和协商来处理来自各方的紧张关系。他们认为，研究合作者和子项目的持续、系统的交流可以减少整合不足的可能性，澄清差异和加强协商可以减少误解，并创造就如何开展工作达成共识的前提条件。也就是说，通过跨学科活动的各方参与者的相互学习和共同活动，进而就一个项目或计划形成共同的概念和评价，因此可以说，知识整合从某种程度上讲是由一种社会的杠杆作用所推动的。随着新见解的出现，学科关系的重新限定以及整合框架的构建，互知性（Mutual knowledge）得以形成。除了哈佛的例子，在多个相关研究中都可以看到对交流和协商的强调。

第五条原则，管理和指导的原则涉及对能力（compe-tence）的评价，包括了组织结构、领导能力和过程中的指导等方面。第一个层面的能力判断是根据项目和计划的管理在多大程度上实现了共识的建立和整合，因此评估必须考虑到组织结构能否很好地促进交流，组织的行动步骤和任务分配必须留出互动的时间，开展联合的工作，尝试共同的手段并共享决策过程。如果一个研究小组过于快速地进入整合，它一定没有充分的时间在其参与者中建立和睦的关系，互相了解各个学科探索研究的不同方式，最终一定会导致其整合质量的缺陷。同样的，美国科学促进会的相关研讨会上，与会者也告诫说，在同行评议过程中，如果专家小组成员将他们对于质量含义的个人信念作为标准的话，对于他们的鉴定意见也必须给予谨慎管理。

跨学科工作的领导能力也是一个重要的主题。格雷在他的《通过合作领导能力增强跨学科研究》一文中探讨了领导跨学科项目所具有的内在挑战，详述了领导者在跨学科的科学努力中所能发挥的关键作用，他提到了三种领导任务，即认知的、结构的和过程的。① 认知的任务（cognitive tasks）主要指理念的形成以及洞察力和重新组织的能力，具体而言，就是通过一种心智模型（mental model）或意向，引导参与者建立一个共同

① Barbara Gray，Enhancing transdisciplinary research through collaborative leader-ship，2008，in http：//cancercontrol. cancer. gov/brp/scienceteam/ajpm/Enhancing Trans-disciplinary Researchthrough Collaborative Leadership. pdf.

的理念（meaning making），并激励多个学科以建设性的方式互动以及创建合作的工作模式。结构化任务（structural tasks）涉及协调和信息交流的管理问题，包括重点和目标的限定、专家的延聘，以及就完成期限和可交付的成果做出说明。在此，外部的界限应予超越，而内部的联系和信息流动也应跨越不同的学科文化、地位等级和组织结构。过程任务（process tasks）是指确保在团队成员中开展建设性和富有成效的互动，以及包括设计会议、确定基本规则和任务等伴随而来的工作，推动合作者实现目标、建立信任和确保有效的交流。总之，格雷将跨学科合作概念化为创新网络，强调需要网络的稳定性、知识的流动性和创新的恰当性。

第六条原则提出了一个重复的问题，即综合系统中的重复和透明度。有关跨学科的研究强调，对于确保合作的投入、透明和共同利益相关方来说，重复（iteration）具有压倒性的重要性。美国的跨学科烟草使用研究中心（Transdisciplinary Tobacco Use Research Centers，TTURCs）的逻辑模型①可以为此提供具体的说明。在这一模型中，评价指标并不局限于单

---

① 美国跨学科烟草使用研究中心（TTURCs）创建于 1999 年，得到国家癌症研究所、国家药物滥用研究所和 Robert Wood Johnson 基金会的资助。与国家科学基金会的跨学科培训计划（IGERT）一样，资助组织要求该中心制定一个核心的评估计划。TTURC 的评估研究者开发了以下成果标准来衡量和评价建立在两个或更多学科之间的科研努力：中心的跨学科合作工作（包括培训）完成得如何？中心开展的跨学科合作研究有否产生新的或更好的研究方法、新的或是得到改善的科学模式和理论的发展？研究是否有科学出版物，并被承认是高质量的？研究是否得到有效的传播？模式和方法是否被转化为更好的干预（治疗）方法？研究是否影响了卫生实践、卫生政策或卫生成果？等等。见 Committee on Facilitating Interdisciplinary Research，*Facilitating Interdisciplinary Research*，p. 167。

个阶段，它们具有一种反馈关系，而这是严格的线性评估模式难以获得的。这个模型从该中心的基本活动（培训、合作和整合）和有望最快获得的成果出发，从这些活动中产生出新的和得到改进了的方法、科学以及经过检验的模型，并形成出版物，反过来，出版物又促进了对跨学科研究的承认和制度化，对于中心的总体基础结构和能力有所回馈，并进而获得更多的对基本活动的支持。这些结果为中心在学术界和社会上进行更广泛交流提供了重要的内容基础，甚至可能对政策构成影响，而其获得的承认也为交流和出版提供了二次推动力。

除了反馈的作用之外，公开的标准也是非常重要的。克莱恩指出：回馈允许根据其情况来改善研究过程和概念框架，而公开则要求评估者和研究参与者都能从开始就清楚地了解标准，而且更理想的是，他们都参与确定标准。

第七条原则，有效性和影响是跨学科研究质量评估的一个重要方面，相关的研究也都论证了这一点。如在哈佛大学的研究项目中，其项目负责人即指出：跨学科的影响通常是发散的，在时间上有所滞后，分布在不同的研究领域和不同形式的引用实践中。瑞士国家科学基金会的研究[①]也指出，跨学科研究的许多长期影响很难预测，5 年的时间内或许能够检测到，但年度的测评肯定是不可能完成的。TTURCs 的研究则指出，评价大型跨学科合作的投资回报或增值贡献，可能需要有超过 20 年的广泛的历史视角。大量例证都表明，长期影响不可能

① R. Defila & A. DiGiulio, Evaluating transdisciplinary research, Panorama: Swiss National Science Foundation Newsletter, 1999, 1: 4 - 27. 转引自 Julie T. Klein, Evaluation of Interdisciplinary and Transdisciplinary Research, A Literature Review。

在项目的启动时预测和衡量，一些大型计划会刺激多个领域中的新的认识的形成，人类基因组计划、曼哈顿计划以及诸如地表板块构造论和光纤缆的开发等大规模努力都是具有长期影响的证据。

### 三　跨学科研究评估：美国学术界的做法

1. 高质量跨学科研究的三个知识标志

哈佛教育研究学院在 2003 年启动了一个跨学科的研究项目（Interdisciplinary Studies Project，Harvard Graduate School of Education），该项目选择了多家在开展跨学科研究方面享有卓著声誉的研究机构，用了两年时间对其中的 60 名有着丰富跨学科研究经历和经验的学者进行了访谈。这一项目可以说是迄今最为重要的有关跨学科评估的经验研究之一，在此后的有关研究中被反复引证。尽管该项目所选择的研究机构均为科学技术研究部门，但其中的观点仍然具有广泛的借鉴意义。

调查显示，在谈到自身的跨学科工作如何被评价时，受访的学者最初都提到间接的或基于学科领域的质量标准，诸如数量——得到确认的专利、出版物、发明以及引文；威望——大学、资助机构和发表刊物的威望或排名；以及嘉许——来自同行和社会的认可。尽管这些传统的质量标准构成了评价的基础，但是受访学者大多认为，仅靠传统的标准不足以衡量创新的跨学科工作，而且简单的成果堆砌也不足以反映跨学科的特点，鉴于在学科边界对知识进行验证存在复杂性，于是他们提出动态的验证方式，指出应在以下三个重要基础上，将跨学科工作作为一个整体来给予评价。这三个基础是：一致性、平衡和有效性。

首先，一致性是指新的跨学科工作与其所依据的各学科的学科知识相关的程度。即使从事跨学科工作，研究者仍然在与"学科准则"（"disciplinary canon"）——通常是一个以上的学科——一致的基础上来评价新的研究成果的可靠程度。一般来说，当跨学科研究成果与学科的原有知识出现合理契合的情况下，其可信度即可得到提升。但是很明显，仅此并不足以确定该成果在质量上是可以接受的，高质量的跨学科研究不应依赖于现有学科准则的简单叠加，更重要的是在这一创新活动中发挥了独特作用的各种学科见解的协调。因此，学者们提出的第二个知识标志即是在观点和视角的交集中实现平衡。接受调查的研究者大多赞赏这样一种跨学科工作，即在参与其中的多个学科之间，即使就有关课题是否值得探索和如何检验这些问题上存在不同标准，但所有参与学科的视角和观点最终能取得大致平衡。学者们认为，深思熟虑的平衡并不意味着在一件工作中对各学科给予平等的展示，"平衡法则"应包括保持生成张力（generative tension），并在选择和合并学科的见解和标准时实现适度的妥协（legitimate compromises），如果没有违背所涉及学科的中心原则的话，这样一种微妙平衡的知识整体或可取得可信性。最后，跨学科工作对于提高认识和促进探索是否具有效能是第三个重要的依据。接受访谈的学者们普遍认为，对于解决实际问题和开发产品的贡献被认为是最重要的可行的标准，这其中"可行性"（viability）、"可用性"（workability）和"影响"（impact）是重要的参照方面。

　　总之，从事跨学科工作的学者非常强调依据他们探索的目的来评价其工作的成功与否。跨学科探索在其具体目标上有着非常大的差异，因此他们也希望相应的采用不同的验证标准。跨学科的知识生产并不因循传统的路径，因此学者们既没有过往的研究范例可以参照，也没有平行的竞争者可以进行学术成就的横向比较。因此，处于跨学科工作前沿的学者们还承担着另一项使命，即开发相应的准则，以此衡量跨学科学术的发展。

　　2. 适宜的评估程序和质量标准

　　2006 年，美国科学促进会（American Association for the Advancement of Science）联合哈佛大学召开了有研究管理人员、科学刊物的编辑以及社会科学家参加的研讨会，以分享相关的创新和实验成果。[①] 在这一研讨会上，几乎所有与会者都认为，采用正确的程序是对跨学科工作进行恰当评估的基础。而在评估程序中最重要的是选择能够胜任的评估小组成员以及对他们在评估中的意见进行有效管理。

　　评估小组的建立应满足以下条件：首先，小组的成员构成须具有战略性广度，覆盖宽泛，并包含多个学科的视角，可以敏感和有效地适应所评估工作的特殊性。至于工作方式，与会学者认为可以建立适宜和灵活的，可以为项目的评估提供技术支持的小型"动态"（"on-the-fly"）评议小组，通过电子或视讯会议集合起来，将其个人的意见补充到由项目官员所主导的

　　① Veronica Boix Mansilla, Irwin Feller & Howard Gardner, Quality assessment in interdisciplinary research and education, in *Research Evaluation*, 2006, Vol. 15, No. 1.

讨论中来。此外，申请评估者还可以被邀请对批评给予实时的回应，以确保评议者在做出最后判断之前充分理解工作的性质。其次，评估小组需要寻找那些对工作主旨最为了解的专家和管理者。当一项研究工作找不到明确相关的学术共同体时，可以要求申请者就合适的评估者提出建议，此外，还可以请求从事此项工作的跨学科研究机构的负责人提出意见。跨学科研究者的工作要由那些确实有能力进行评估的人来给予评估，这在学者看来是非常重要的。再次，拥有足够的能够胜任的专家是必要的，但并不充分。多学科的讨论通常导致误解或是大家各说各话。为解决这一问题，有学者提出可以借鉴美国国立卫生研究院（National Institutes of Health）的做法，即在评估小组中实验性地纳入"翻译者"。"翻译者"应对该项跨学科活动所包括的大多数学科领域有所了解，能够弥补评估小组中的认识差距。最后，评估小组需要具有企业家精神的领导。与会学者认为，成功的大学官员和项目官员的作用应该类似于新事物的发现者和企业家，他们应该熟悉一个领域的前期工作，能对平庸和停滞提出批评，勇于承担风险，有能力对具有创新性理念的工作做出判断，即可以产生创新的结论，或是采用某种新的方法，能够培育探索中的领域，并反过来推进科学的发展。

　　会议认为，跨越不同研究范畴（即自然科学、社会科学和人文科学）、不同机构（即研究中心、大学）和目标（如发展知识、治愈疾病和培养科学家）的跨学科工作存在巨大差异，有关质量的考虑必须尊重这类差异。而就如何限定"质量"，与会学者在讨论中指出：就广义而言，在学科工作和跨学科工作的质量预期之间存在连续性。因为不管是否跨学科，吸引研究者的工作一般都具有以下特点，即相关性（relevance），可以对重要的社会或理论问题提供解决方案；对学术研究和教学成果可以构成影响；具有科学价值；重视潜在的问题领域并提出备选战略。此外，采用新的概念、路径或方法的原创性的工作也是值得赞赏的。而这些特点都构成了对于质量问题的基本思考。

有一些发展得较早的跨学科领域（如生物化学、科学史），其中已经形成了很好的机制，学者们对于质量标准问题已经进行了长时间的协商，对于高质量的研究工作有了或多或少的共识，这类领域的运作已经非常类似于"学科"。然而，在一些新兴领域中的跨学科工作几乎没有前例可循，其中的"科学价值"或"独创性"等理念的建构就会面临很多问题，因此，会议建议评议小组成员必须调整个人的质量观念，以适应新的工作。

鉴于跨学科研究的研究领域、机构和目标千差万别，使得确定严格的普遍适用的质量衡量标准极为困难，因此与会学者认为：衡量跨学科研究的质量不存在单一的量化标准，但是，注意以下 4 个"热点"（hot spots）将有助于满足跨学科评估的独特需求。这 4 个热点包括：①关注共享的问题：这种问题没有单一学科的解决方案，对于互补和整合的学科视角有明确的需求，是多学科参与者都感兴趣的问题，是大胆创新但仍然可控，并具有重要性的。②满足良好工作的社会条件：在评估跨学科计划时，有效地合作研究所需的条件值得密切关注。首先，领导者要能够充分发挥团队成员的才能，而团队成员能够做出哪些互补的贡献也须明确。此外，确立了哪种互动模式，成员间接触的程度如何，以及该项工作是否在一种高质量的跨学科工作的制度文化中开展，等等。对过去的和当下的合作进行仔细分析还可以使评议者了解在项目资助期过后是否还有持续合作的可能性。在这方面，学者建议将社会网络分析作为工具来评估高质量跨学科工作的条件。③满足多个学科的标准：高质量跨学科工作的一个基本前提是它应满足该工作所包含的诸多学科的质量标准。跨学科工作需要与多个学科共同体对话，如果不被学科的同行承认，很难确定它是好的研究。④实现有效的综合：与单一学科不同，综合的能力对于以跨学科的方式生产知识是关键的。成功的综合可以提高研究者对所研究问题的理解，给出综合的解释，揭示其创造性的方面，或得到新的解决方法。

3. 研究的直接和间接影响以及人员和机构的评估

2004 年美国科学院发布的《促进跨学科研究》报告，以其"评估跨学科研究和教学的成果"的整章篇幅全面地阐述了与评估有关的挑战、跨学科研究的直接贡献和间接贡献，并对一些机构的可资借鉴的评估方法进行了较为详细的介绍，其中特别系统地提出了针对人员和机构的评估方法。

报告指出，跨学科研究之所以出现和发展，源于 4 种驱动力量，即自然与社会的内在复杂性、对于学科交叉领域进行探索的动力、解决社会问题的需求以及技术发展（generative technologies）的激励因素。以这 4 个方面为基础，就可以对跨学科研究的成功与否给予大致的评估。一般而言，研究计划是否达成了目标，各个资助组织可能会根据各自的任务目标，将其所偏重的若干方面进行组合来给予评估。对学科交叉领域的探索主要通过观察研究者与邻近学科、学科互补领域中的学者的合作程度，以及是否刺激了新的学科领域的发展来评估。解决社会问题的研究一定涉及应用的方面，要能针对问题提出切实可行的解决方法，例如致力于减少贫困的跨学科项目应该用取得了哪些实际进展来衡量，尽管这样的计划也可以产生其他的不可预见的有价值成果。最后，在技术发展方面，能够提升研究能力的新技术在多大程度上得到开发则是一个重要标准。[①]

报告认为，跨学科研究不仅可以产生技术、理论和应用等多重的可以衡量的成果，还可以产生诸多的间接影响。跨学科计划的直接贡献可以表现为促进新的认识的形成——尤其是一些大型的计划，例如人类基因组计划、曼哈顿计划、板块构造学说以及全球气候模型等；创造新的领域或学科，例如认知科学、计算生物学（computational biology）、纳米科学以及其他一些领域；为传统的研究领域增值，引导新的技术或产品的开发等。而跨学科计划的间接影响涉及研究与教育的多个方面。例如，使本科生和研究生教育的质量得以提升。一些在大学设立的本科生和研究生级别的跨学科计划使其学生人数激增（有很多此类案例），同时提高了学生对于科学和工程学的理解，而且涉及面广的、与社会和公共政策问题相关的计划促进了人文社会科学与科学技术学科的合作。此外，跨学科研究和课程的间接影响还可表现为通过在前沿的、空白领域设立高质量的

---

① Committee on Facilitating Interdisciplinary Research，*Facilitating Interdisciplinary Research*，p. 152.

计划，从而提升大学的声望。反过来，这又可以加强大学吸引杰出的研究生、教学人员和博士后学者的能力。最后，跨学科研究可以证明具有多重应用性的一种工具或方法的价值。

报告认为，成功的跨学科研究计划的成果与学科的研究计划有所不同，首先，它应对多个领域或学科有影响，并产生可以回馈并加强学科研究的成果。它还可以使研究者和学生掌握一个以上学科的语言和研究能力，并加强其对复杂问题所固有的各种相关性的认识。除了研究的直接成果，还要依据不同的组织目标来评价其更广泛意义上的成果。也就是说将较少的注意力放在出版物的数量上，而更多地关注基于出版物的质量、相关性和高度而形成的影响。

针对不同级别的学生和教职人员，报告设置了如下一些评估问题：

本科生和研究生——对于参与多个学科学习和研究的本科生和研究生，以下一些问题可以考察他们是否拥有在单一科系中难以获得的经验：是否与来自其他学科的学生一起工作并向他们学习？是否逐渐掌握了一个以上学科的知识？是不是培养了一种意识，即在解决一个复杂的研究问题中整合一个以上学科的知识？是否学习使用本学科可能无法提供的方法和技巧？

博士后学者——对于参与跨学科研究的博士后学者，需要提出的考察问题与研究生多少有些类似：是否以多种途径应用了自身的经验，为项目增添了新的价值，提高了他们自身对一个或更多领域的理解？能否与其他领域的专家互动？能否学习另一个学科的语言、内容和文化？

教职人员——常规的标准难以描述教职人员的工作和贡

献，以下问题有助于更为总体地评估他们的工作：是否从事高质量的跨学科工作，并在重要的刊物或会议上报道了这些工作？是否就一个在自身学科中难以解决的问题开展研究？是否在新的方向扩展了他们的专长？是否参与建设一个新的分支领域？是否在自身机构中被一个多学科评议小组所评估？是否获得承认，诸如获得针对跨学科研究的，或是来自其他专业学会的奖励和讲师的职位？是否得到邀请在其学科之外的活动中进行演示（例如一位跨学科数学家受邀在生物系或一个生物学专业学会进行演示）？

除了人员的评估，报告还对机构的评估提出了若干具体的建议。报告认为，评估过程的核心除了严格的同行评议，还应包括实地考察（site visit），即纳入对人员的访谈以及客观观察。对于跨学科计划的评估，内部和外部的评议都是不可或缺的，也就是说其对制度过程的了解要与独立观察的客观性结合起来。

外部评议小组应该包括所有相关部门的代表，例如，在对大学内的研究中心进行评估时，评议小组应该包括研究成果的"使用者"，比如业界、政府和政策代表。针对跨学科研究的复杂性，评议应该确立与两个关键质量有关的机制：核心学科和相关学科的专业深度，以及其开展跨学科研究的经验。

报告强调，对于跨学科中心未来方向的建议也应该包括一个"届满"（sunset）选择。鉴于创新活动并非都是既富有成效又有着长期的生命力，评议者应该考虑一项跨学科研究努力正在产生多少相关的新知识和新认识，以及如果领域本身变化了，它是否应该结束并向新的方向转移。

最后，对于那些设置了跨学科课程的学术机构，评估其机制的设计应该考虑这样一些问题：跨学科教学是否吸引了更多普通学生参加相关课程？跨学科课程和计划是否吸引了新的和有着不同教育背景的学生共同参与某项科学事业？跨学科课程是否是一个有效的媒介，灌输科学素养和对科学技术在现代生活中作用的认识？学生是否证明他们掌握了现实世界中复杂问题的相关性？

归纳起来，报告建议，对于机构和组织的跨学科研究的评议可以考虑这样几个方面：①其所开展的研究对于创造一个新兴领域或新兴学科的贡献程度；②通过取得比学科研究更好的成果，跨学科研究能如何更好地增强对学生的培养和促进研究者的事业，例如开辟了更宽泛的就业岗位，缩短了取得终身职位和其他目标的过程，以及更多的演讲的邀请；③研究是否得出了解决社会问题的可行的方法；④参与者是否证明他们掌握了更多的研究词汇和在一个以上学科中工作的能力；⑤跨学科研究活动、研究所或中心在多大程度上提高了其所在大学的声誉，具体表现在研究资助、对跨学科研究领导能力的承认、奖励以及对研究参与者的认可；⑥一项计划的长期生产率（当然并非所有创新活动都有着同样的生命周期，因此"届满"或"自动消失"规定的利用在跨学科研究中心和项目的筹划中应予考虑）；⑦设定合乎被评估领域的多重的评价研究成果的标准，诸如大会演示或专利，发表在同行评议刊物上的论文，等等。①

---

① Committee on Facilitating Interdisciplinary Research，*Facilitating Interdisciplinary Research*，pp. 149 – 170.

　　总之，确立更好的评估跨学科研究的方法有助于资助组织来评估其科学投资的成果，支撑美国在高等教育和研究中的卓越地位，提升跨学科研究对于科学和工程学整体发展的贡献。这些目标决定了报告所调查和建议的目标领域多为科学技术方面，但是由于这些建议都具有很好的可操作性，因此，可以为跨学科人才的培养和教育部门的相应活动提供参照。

　　除了上述关键点外，美国科学院的报告针对资助机构提出以下建议，即资助组织需要通过两个途径来改善评审过程：首先，在特定学科的必要的专业深度之外，它们可以通过确保有适度宽泛的不同领域研究者的储备，保证足够力量参与评议跨学科计划，以改进其自身的评估机制；其次，它们可以利用现有的和备选的机制来支持额外的研究和实验。美国科学院认为，资助组织在所有层次和规模上都有非常大的机会来支持学科的和跨学科的研究，通过扩展和调整之前针对单一学科研究计划的评估程序，资助组织能够克服目前存在的障碍，来支持跨学科活动，而且，资助机构应与研究实践者更多地进行对话，以了解哪里有最大的机会，以便更为有效地为突破性的研究投资。

## 四　跨学科研究评估：德国学术界的经验

　　在德国，跨学科研究的实践经验和理论总结不如美国丰富，但对跨学科研究的评估问题也比较关心。这里仅以德国亥姆霍茨环境研究中心"地球与环境"大项目中的"土地可持续利用"课题为例，介绍德国学术界对评估跨学科研究所进行的探索，以及他们总结出的评估经验和标准。

针对跨学科活动的特点，德国学术界认为在评估跨学科研究时，应有超前期评估（ex ante-Perspektive）和超后期评估（ex post-Perspektive）两种。所谓的超后期评估是指对截至评估日期之前所完成的科研成果或科研过程的评估，超前期评估是对被评估的科研小组从事当前科研项目的潜能（成功概率与风险）的评估。与传统的学科研究不同，跨学科项目的研究小组通常是针对科研题目临时组织起来的，小组成员来自不同研究机构，具备不同学科专业背景，在科研工作中成员之间的团结、相互配合和适应，以及不同学科专业的相互融合性，对该小组能否胜任当前的研究任务至关重要，因此超前期评估对跨学科研究具有重要意义。

超前期评估主要有三方面考察内容：第一，合适的科研小组；第二，研究题目的确定；第三，科研管理方案的设计。针对这些任务，亥姆霍茨环境研究中心设有自己的咨询委员会，可以进行项目评估，但该委员会也可以邀请科研小组和咨询委员会以外的顾问，包括其他机构的顾问共同进行项目评估。如果该顾问参与了评估，他就要在其后的科研过程中定期对项目给予指导，以充分发挥其顾问的作用。参加科研小组的学者首先要具备足够的专业能力，其次要具备从事跨学科研究、应用性研究的能力，应该对本专业的局限性有所认识，同时还要尊重和信任其他学科的学者。对于所确定的科研题目，科研小组要撰写报告进行阐述，其中特别需要突出的是，该题目首先要具备很高的社会重要性，其次要适宜于跨学科研究，即可以通过多个学科的交叉与整合，探索解决问题的办法或答案。科研过程的组织要遵循普适的科研管理原则，此外由于跨学科研究需要更为透明和更多的沟通，因此要格外加强组织的灵活性：一方面要克服跨学科交流中可能出现的困难，另一方面要及时有效地应对其项目进行过程中出现的事先未曾预料到的情况。各项评估标准的权重分配由科研小组和评估者共同确定，但必须要有科研小组和评估小组以外的专家参与。

根据跨学科的环境研究的特点，亥姆霍茨环境研究中心超后期项目评估主要有以下九大原则。

（1）问题导向性。前文提到跨学科环境研究的科研项目要具有高度的社会相关性，因此这里所说的"问题"是指非学术的现实社会问题，对于亥姆霍茨环境研究中心的项目来说，就是可持续发展的问题。问题导向性并不意味着解决问题，科研的目的是为了最终解决环境问题，但某个项目的最终结果并不一定能达成该目的。问题导向性也并不意味着研究范式和结果与传统研究相比一定要有创新，只要其致力于直接或间接解决环境问题即可满足条件。

（2）应用导向性。所谓的应用是指研究成果或者可以转化成科技产品或方法，或者对于理解生态和社会问题有所帮助。这与纯粹的学科研究或纯粹的应用研究有所不同。

（3）融合性。环境问题研究有多个角度，例如从自然科学角度研究环境问题的影响力，从社会科学角度追溯问题起源，从社会、经济、政治等角度探索新方法的执行难度，等等。跨学科的环境研究并不是这些角度简单的罗列和叠加，而是要实现这些角度的良好融合。所谓融合要具有跨学科性、包容性、内在相互关联性，融合的结果要有利于大众的理解。

（4）跨学科性。前面所说的融合性主要是针对项目成果，

85

跨学科性更多的是针对科研过程。各学科都有专门的概念、理论、经验、方法、目标设定、专业语言等，这些恰恰就是跨学科研究的障碍所在，因此科研小组成员必须要有能力打破这些障碍，将自己的专业语言和研究方法转化成其他专业的成员都能理解和接受的形式。

（5）创新性。创新既可以是对传统学科的推进，也可以是开拓新的研究领域。

（6）高质量。与传统学科研究相比，跨学科项目被认为具有"随意性"的特点，即项目参与者自觉或不自觉地偏离其本学科的专业要求。因此，跨学科研究评估时还要求各学科的科研小组成员的成果应当达到其专业要求，即符合传统的科研评估标准。例如，遵守良好的科学实践，不抄袭，注明主要参考文献，准确地引用数字和事实，理智地假设和求证，有逻辑地推理等。

（7）转化性。学科研究成果的转化一般是指走出实验室或研究所，向外公开，而这种公开一般限制在本专业领域的小圈子里。跨学科研究则不同，其成果首先要向其他专业领域公开，其次要向非科学领域公开。即科研方式和语言要转化为其他学科领域的学者和非科学领域的大众都能接受的形式。

（8）社会责任感。由于环境研究涉及环境保护和可持续发展，因此学者要有一定的社会责任感，比如其设计的技术方法要避免对社会造成不良的影响。

（9）为决策者提供咨询。科研人员要有为经济界和政治界的决策者提供咨询的意愿，其科研成果要考虑到具体的决策条件，以有利于决策者做出决定。个别人或团体的利益则不在研究课题的考虑范围之内。

## 五　澳大利亚学者的相关讨论

近年来，澳大利亚负责教育、科学与培训活动的政府部门和澳大利亚研究理事会（Australian Research Council）等科研、教学和资助管理机构在积极完善澳大利亚研究质量框架（RQF）的基础上，对跨学科研究活动的现状也开展了调查，并召开相关的研讨会，以期形成有利于推动跨学科研究和质量评估的政策建议。

2005 年 4 月，著名的管理咨询公司艾伦咨询集团（Allen Consulting Group）向当时的澳大利亚政府教育、科学和培训部提交了以"建立澳大利亚研究质量框架"（Establishing an Australian Research Quality Framework）为主题的多学科研讨会的讨论总结报告。在讨论"研究质量框架"（RQF）中如何对待跨学科研究时，与会者们在发言中涉及许多具体问题，其中包括：目前跨学科研究在澳大利亚的普遍程度、跨学科研究未来的普遍程度、跨学科研究对 RQF 评价过程的结构的一般影响以及跨学科研究对于 RQF 中采用的评估小组评价过程（panel assessment processes）的特殊影响；对于跨学科研究而言质量衡量标准的有效程度，以及这些标准是否与学科研究质量的衡量标准有所区别；鉴于其在开展研究和研究的影响得到证明之间存在时间差，在 RQF 中纳入影响评估（assessment of impact）会产生哪些影响；应该如何组织评估小组，如何确定对不同质量等级给予奖励的标准，以及这些方面对于资助过程会产生哪些影响；在 RQF 中是否应该涉及研究培训

**87**

问题，等等。

鉴于跨学科研究的重要性，专家认为有必要改革围绕传统学科分界而构建的 RQF 体系，应建立吸收不同学科的专家组成的专家小组来评价研究，而且这种混合的专家小组也能更好地胜任对研究所产生的影响给予评价，其理由是：以学科为基础的评估小组更关注研究是否优秀以及它对学科本身的影响，而难以对研究的广泛社会影响进行评价；而拥有不同专业特长的专家评估小组能更好地观察到与特殊研究成果有关的广泛的影响，包括研究对其他学科的影响。

在质量衡量的标准方面，学者们大多认为，对于跨学科而言，其质量标准在很大程度上与适用于学科研究的质量标准是相同的，不需要制定单独的标准来对跨学科研究的质量进行评价。讨论中有学者提出：跨学科研究和学科研究的卓越性可以同时得到评价，两种类型研究的优秀与否并无矛盾，只是跨学科研究一般要比学科研究具有更广泛的社会影响。

＊　　＊　　＊

总之，20 世纪 90 年代以来，特别是进入 21 世纪之后，随着跨学科活动日渐成为知识生产和研究资助中的一个主要论题，针对跨学科评估的研究文献也逐渐增多，并在许多问题上取得了共识。现有的文献表明，大体存在一个基本的标准，它似乎与跨学科研究活动的特点相一致，即看它是否集合了多学科的知识解决了社会亟待解决的问题，是否为新的学科或研究领域的出现及发展做出了重要的贡献，是否在研究的深度和广度两个方面实现了恰当的平衡。因此以传统学科研究的评价结构为基础，吸收多个学科的专家学者组成评估小组似乎仍然是

*88*

评价跨学科研究成果的主要方式。

　　跨学科评估需要一个标准的评估程序，以确保评估工作的合理性与可靠性；跨学科研究的评估标准是多样的，既需要根据研究的目标来衡量，又要与参与学科的原有标准取得平衡。因此，对于跨学科工作不要期望建立单一的严格的标准，特别是在同行评议过程中，单一学科的专家会有不同的有关质量的设想，因此必须有一个好的程序，使专家们得以取得共识，并抵制来自传统学科的保守观念所导致的偏见。此外，打造跨学科评估的专家群体也是非常重要的，这些适合于"问题空间"（problem space）的专家无论对于事前的评估，还是对于成果的评价都非常关键，因为他们可以组成一个合适的跨学科知识的共同体。这一点在那些仍处于成长中的领域尤其欠缺，因为这些领域还未形成何为优秀的标准，更缺乏有资质的专家储备。即便专家小组形成了，他们也还面对各种挑战，正如已有研究所指出的，评议小组是"新的公平的规则被重新限定、重新创造并逐渐获得承认的场所"。在缺乏惯例的情况下，评估小组的成员必须协商确定哪些基本要素可以构成一项好的跨学科计划，他们需要在对学科的精通和非专业的观念之间，在专业知识和主观性之间，以及在跨学科的吸引力和学科的优势之间取得平衡，而方法论的多样性是达成一致的判断同时限制其中偏见的关键。

　　尽管已经取得了一些研究成果，然而就跨学科评估所开展的纵向的实验研究仍不多见，一些个案的研究经验还有待于在推广中进行测试并加以总结和改进，学科评估中的同行评议在跨学科评估中仍然占据重要地位，也没有哪个国家的相关部门制定出具有明确定义和经得起实践检验的标准，以便为那些重要的跨学科创新提供重点资助，因此，总体而言，评估活动及其标准仍然是一个薄弱环节。因此对这方面的研究仍需给予足够的重视，特别是几乎处于空白的有关人文社会科学的跨学科研究评估。

# 第四章　促进跨学科研究:挑战与应对

　　跨学科研究正在成为人类社会认识、解释和解决自身发展中面临的各种新挑战的重要研究模式,围绕这一模式形成了大量新的研究课题和研究成果,导致了相关学者对研究的组织和制度形式、研究管理与评估的新的思考,并推动了新的人才培养方向和培养模式的出现。克莱恩在她的《规划跨学科研究》中,曾为试图推动跨学科研究和教育的高校提供了如下补充的战略。她提出应该关注这样几个概念和组织的变量:第一是机构的性质,这里包括其规模、使命和财政基础;第二是机构的文化,涉及之前的改革经验、教职人员和行政管理人员之间的互动模式、学术团体的特性,以及本身的知识文化;第三是希望发生什么性质和程度的变革,是整体范围的、单一计划的,还是某个课题或课程;第四涉及变革的必备条件,是需要对现有结构进行修改,抑或需要创造全新的结构,是小型的、有限的、地方的和增量的干预,还是更为全球的或综合的行动,抑或是激进的变革;第五涉及人力资源问题,内部的可行性与对外部咨询和资助的需要,目前教职人员的能力和兴趣,现有的管理人员和支持结构，等等。①

上述战略，既揭示了推动跨学科教育和研究所需关注的诸多方面，也明确表明，与传统的学科研究相比较，跨学科研究毕竟属于新生事物，无论是研究者本身，还是习惯于以学科驱动研究的研究管理层面都在无形之中为跨学科研究的发展设置了这样或那样的障碍。而正视这些障碍，深入理解其所面对的挑战，修正传统的研究政策和思路是进一步推动跨学科研究发展的必要前提。

## 第一节　开展跨学科研究的主要挑战与对策

尽管不少发达国家的政府和学术界对于跨学科研究在推进科学技术发展，提升国家的整体竞争力方面所具有的巨大潜力已经达成共识，然而在实际推动跨学科活动的开展，对相关的教育和研究给予资助、管理和评价等方面，各国学术界仍然面对着不少困难和阻力。基于此，近些年，特别是进入 21 世纪以来，不少欧美国家的政府都委托科研单位或资助管理机构对本国的跨学科活动的状况开展调查研究，并针对问题提出政策建议。

例如 1999 年，澳大利亚研究理事会（Australian Research Council）即发表了委托研究报告《跨学科研究》（*Cross-*

---

① Julie Thompson Klein, *Mapping Interdisciplinary Studies*，转引自 Henrik Bruun, Janne Hukkinen, Katri Huutoniemi & Julie Thompson Klein, *Promoting Inter-disciplinary Research*, *The Case of the Academy of Finland*, 2005, p. 75。

Disciplinary Research),① 专门讨论理事会内部对跨学科研究的支持,以及与跨学科研究计划评估相关的问题。2002 年,荷兰教育、文化和科学部长与该国经济事务部长联合委托荷兰科学技术政策咨询理事会 (Dutch Advisory Council for Science and Technology Policy,AWT) 就在荷兰如何促进跨学科研究提出建议,委员会经过调查,在 2003 年提交了《推动多学科研究》(*Promoting Multidisciplinary Research*) 的政策报告。② 2004 年,美国国家科学院等机构发表的《促进跨学科研究》的报告也是基于全国性的调查,为政府相关部门和研究机构提出了全方位的对策建议。同是在 2004 年,欧盟研究咨询委员会 (European Union Research Advisory Board) 也发表了《研究的跨学科性》(*Interdisciplinarity in Research*) 的政策报告,分析了欧盟在开展跨学科研究方面所存在的障碍,从研究人员的教育和培训、大学的结构和政策,以及对研究资助机构等方面提出了建议。除了欧盟研究咨询委员会的总体建议,欧洲多个国家的科学院或研究理事会也承担了与美国国家科学院类似的任务,即组成研究小组,对跨学科研究的内在力量进行阐述,展开调查以确认不利于跨学科活动开展的障碍,

---

① 该报告由昆士兰大学技术管理中心 (Technology Management Centre, University of Queensland) 的 Lyn Grigg 博士完成,主要阐述了 "什么是跨学科研究" "评估中的问题" "澳大利亚研究理事会中的跨越边界" 以及 "改善评估的备选方法和跨学科计划的发展" 等问题,http://www. arc. gov. au/general/arc _ publications. htm#1999。

② Advisory Committee for Science and Technology Policy (AWT), Promoting Multidisciplinary Research, September 2003, Available on the AWT home page: http://www. awt. nl/en/index. html。

并提出消除这类障碍的资源和建议，例如芬兰科学院的《促进跨学科研究——芬兰科学院的案例》（*Promoting Interdisciplinary Research，The Case of the Academy of Finland*，2005），丹麦商业研究院（DEA）和丹麦商业教育论坛（FBE）的《跨学科思考——研究和教育中的跨学科性》（*Thinking Across Disciplines，Interdisciplinarity in Research and Education*）以及英国赫尔大学学者撰写的《英国跨学科研究计划中的跨学科性》（*Interdisciplinarity in Interdisciplinary Research Programmes in the UK*）① 的分析报告等。这些报告对于调查中发现的问题给予了全面展示和详尽描述，而其相关的改进措施和建议对于有意促进跨学科活动开展的学术研究和教育机构都具有重要的参考和借鉴价值。

综合上述报告和文献，可以看到，跨学科活动所面对的主要障碍和挑战来自以下几个方面。

## 一　知识专科化所造成的隔阂

知识障碍的概念涉及学者们对于其他学科领域的知识局限。芬兰科学院的报告对这类局限做了较为细致的分析。报告认为知识障碍首先表现为"知识赤字"（konwledge deficit），即研究项目的成员互相之间不清楚、不熟悉他人的研究领域和研究范围，而这会导致若干困难出现。例如，研究人员对于不熟悉的领域可能持有错误的概念；他们对于其他领域的学者可

---

① Gabriele Griffin，Pam Medhurst & Trish Green，Interdisciplinarity in Interdisciplinary Research Programmes in the UK，2006，in http：//www. york. ac. uk/res/researchintegration/Interdisciplinarity _ UK. pdf.

以做些什么，能有哪些贡献也会有不切实际的想象。更为严峻的问题是，这些不切实际的想法很难得到及早纠正，因为研究者在参与任何研究项目时都会面对某种压力，迫使他们展示自己的卓越能力，而承认自身能力的局限对于多数人，特别是科学家而言是很困难的；学者们相互之间不熟悉还限制了其对于领域之间的联系以及合作机会的了解和确认，也就是说，若要明白别人的工作与自身工作是否相关，首先要知道别人从事什么研究以及为什么从事这些研究，而获得相关的知识通常需要时间以及较多的个人投资，这在设计跨学科的项目时是特别需要给予考虑的。

除了直接的知识问题，知识障碍还可能导致对其他的领域和研究者的刻板印象。英国学者托尼·比彻（Tony Becher）有关学科的经典研究[1]就揭示了学科之间存在的这种刻板概念，并指出这些刻板印象与学科代表的自我认知是有着很大区别的，同时也不利于学科之间开展顺畅的互动。因此，不管是作为某个学科的代表还是作为普通人，学科之间的相互了解和熟悉对于成功的跨学科活动都是重要的。

在克服知识障碍上，最重要的对策之一是为研究者提供教育和培训。欧盟研究咨询委员会就认为，大学本科一级的教育应该为学生搭建跨越学科界限的桥梁，各学科相互之间在教学和课程等方面应该更加开放。美国的高等教育领域也早有这方

---

[1]　T. Becher, *Academic Tribes and Territories*, *Intellectual Enquiry and the Cultures of Disciplines*. Buckingham and Bristol: The Society for Research into Higher Education & Open University Press, (1989)，中译本《学术部落及其领地：知识探索与学科文化》，北京大学出版社 2008 年版。

面的尝试，例如，拥有上千名学生的哈弗福德学院（Haverford College）近年来就在课程方面进行了重大改革，该校计划在5—10年时间里取消化学、物理和生物学的普通课程，而是将这些学科整合在一起进行教学，学生可以在所有参与的系中得到指导，而且通过课程改革和创新，将跨学科研究与各个学科的课程架构结合到一起。[①]

在研究生一级，美国科学院的调查报告认为，为促进研究生的跨学科思考的能力，大学应该采取更多举措，包括提供与其他科系的研究生共同工作和相互学习的机会，设置多个指导教授，使学生针对研究的问题获得更多维的视角，允许他们利用多个学科的仪器设备开展实验，等等。

除此之外，欧盟研究咨询委员会特别推荐美国国家科学基金会的做法，其"研究生综合教育和研究研习奖学金计划"（IGERT Programme）提供了一个很好的模式，这项始于1997年的创新培训计划主要对多学科的博士培养提供支持，旨在形成一个新的教育培训模式，即创新、灵活并对正在出现的跨越学科边界的研究机会做出反应。该计划的优势主要有三点：即为不同的系集合到一起提供资助，而不必为非本系的工作动用自身的资源；为在新的领域培养高质量的博士提供长期的支持；为在新的领域内发展关键的、自我维系的规模提供充足的资源。[②]

一般而言，博士的培养是在一种极度专业化的环境中进

---

① 参见 Committee on Facilitating Interdisciplinary Research, *Facilitating Interdisciplinary Research*, p. 97。

② 参见 http：//www. nsf. gov/crssprgm/igert/intro. jsp。

行的，这种培养方式，尤其是工科博士的培养已经显得非常
不适合现实的需求，因此为博士生提供扩展知识和技能的机
会，更多地接触工业研究的实际是非常必要的。欧盟研究咨
询委员会还提议总结以工业为基础或与工业相关的博士培养
的经验，例如丹麦的工业博士创新计划（Danish Industrial
PhD Initiative)①，将好的实践做法用于欧盟框架计划中。另
外，委员会鼓励大学单独或是以地区为网络，发展研究生院
的建设，这样一旦需要，即可以在研究培训中跨越传统学科
的分割。

## 二　学科文化差异的影响

在几乎所有的相关研究中，学科文化都被视作开展跨学科
研究的主要障碍之一。特别是从参与跨学科活动的研究者本身
出发，首先遇到的障碍或许正是来自于他们自身。

### 1. 语言障碍

跨学科研究具有典型的合作性，聚集来自不同学科背景的
学者，因此参与者首先遇到的挑战就是如何克服交流和文化方
面的障碍。多个调查报告都显示，接受调查的学者有一个共同
的抱怨，即在跨学科的研究环境中，他们遇到的一个主要困难
来自于其他学科的研究者所使用的语言，即令人费解的专业术
语，用不同的概念来谈论相同的事情，或是以不同的方式使用
相同的概念。

---

① European Union Research Advisory Board，Interdisciplinarity in Research，in ht-
tp：//ec. europa. eu/research/eurab/pdf/eurab _ 04 _ 009 _ interdisciplinarity _ research _
final. pdf.

　　加拿大学者 L. 索尔特（Liora Salter）和 A. 赫恩（Ali-
son Hearn）曾就这一问题开展过研究，[①] 在他们合编的《边
界线之外：跨学科研究中的问题》一书中，与语言有关的问题
被区分为两类，其一是翻译问题（translation problem），其二
是语言问题（language problem）。翻译问题是由学科共同体
谈论其论题的方式和从事研究的方式中所存在的差异造成
的，这一差异使信息在学科间的交流变得复杂化，例如技术
术语的构造、信息获得可信性的方式、信息被提供的次序、
被认为合适的参照点，以及学者们对于什么需要讲清楚而什
么是理所当然的默契程度。要克服翻译问题是困难的，因为
关于哪种语言使用方式是适宜的，很难进行明确的限定，只
有通过经验来学习，这类似一种社会化的过程，只有经历这
一过程方可分享到那些心照不宣的知识，因此翻译的问题不
单单是不同的术语问题，而是在具体情况下对于其所讲所言
的意义的理解。

　　语言问题主要指不同的学科在用词方面的差别。索尔特和
赫恩将语言问题分为三个层面，第一，不同学科可能以不同的
方式限定同一个词汇，如果不考虑到这一点就会出现混乱；第
二，有些词汇在有些学科中存在争议的情况，例如民主和权
力，因为它们的作用是在不同的相互竞争的范式之间作为争议
点。争议的概念在跨学科工作中既可以发挥推进作用也可以成
为障碍，在前一种情况中，它们可以作为桥接概念（bridging

---

　　① 　L. Salter & A. Hearn (eds.), *Outside the Lines*, *Issues in Interdiscipli-
nary Research*, Montreal and Kingston: McGill-Queen's University Press, 1996.

concepts）或是边界对象（boundary objects）① 发挥作用，而在后一种情况下它们可能成为冲突的焦点。语言问题的第三个维度是由跨领域的概念借用造成的，这类借用常常导致同一个词具有多重的意义。

正是由于存在诸多的语言问题，因此研究者参与跨学科的工作在使用语言上要较之平时更为明确，同时要注意运用有利于相互理解的方式来进行交流。

2. 认识论和方法论障碍

学科之间的文化差异是巨大的，语言只是其中之一，在其他一些重要方面，例如认识论和方法论等，各个学科也存在巨大差异。

当然，并不是所有的跨学科活动都会导致认识论问题，例如一些多学科的项目可能求助的是学科的专业知识，协调各个学科的努力来解决某一个问题，而并非要对各学科的知识进行整合。而一旦整合在一个跨学科项目中发挥根本作用时，知识范畴的结构差异就会制造认识论的障碍。克莱恩认为，在跨学科工作中可以采用两个主要策略将不同的领域联系起来，其一是偶发的联系，其二是系统的联系。在第一种情况中，只要是有益于研究目标，研究者就可以自由地相互借用问题和范畴。第二个战略是在不同领域之间建立更为稳定的联系。这类整合中的认识论挑战是研究者需要扩展现存领域的常规的认识论重心，这种扩展类似于一种投资，

_____

① 　boundary objects 也译作边界物，指能够沟通不同的社会世界，却在各自的社会世界中保持自身同一性的事物，参见王程韡《政策学习与全球化时代的话语权力——从政策知识到合法性的寻求》，《科学学研究》2011 年第 3 期。

而且往往导致牺牲自己原有研究领域的进展，因此许多研究者对这种努力有一种天然的抵制。

跨学科研究不仅仅是面对认识论方面的挑战，也可以在认识论上获益，尤其是当研究者面对复杂的现象和问题（例如战争、和平、恐怖主义、环境恶化、人工智能、宇宙生物学等），不咨询其他领域的学者就难以理解或做出解释时。通常这些复杂现象都源于其领域之外，例如有某种社会和商业的需求背景。当然，跨学科研究也并非总是源于外部的激励，有时研究者也会发现如果不扩展认识论的范围，对一些本领域内的问题也难以做出回答，例如一些人工智能领域内的基础问题就有必要寻求心理学的帮助。

芬兰科学院的报告还强调了这样一个问题，即在强调整合的重要性上需要谨慎，因为跨学科的批评对于科学进步也是具有同等重要的作用，而且它可以被看作跨学科现象的组成部分。跨学科的更为基本的观念是认识到领域之间的批判性交流对于这些领域的发展是极为重要的，跨学科不应等同于共识与和谐，因为它经常是通过冲突与不和谐来实现的。

除了认识论的差异，学科研究中的战略、方法、技术技巧和所使用的工具设备等方面也存在诸多差别，例如经验研究的进路——前提设定和推理方法——在生物物理学中是主导的方法，但是社会科学中的阐释和构建的方法则与此差异甚大。然而，尽管存在冲突，方法论向不同领域的扩散以及学科间的相互借用趋势则非常明显，对于不同学科领域范畴的构成产生重要影响，例如 DNA 与其他分子生物学技术的结合导致 20 世纪下半叶癌症研究中的重大转变，而计算机仿真对于社会科学的影响也日渐增大。①

从广义的角度而言，方法论是与研究设计、研究实施以及总结报告等有关的一套完整战略，因此方法论冲突可能会涉及许多问题。而且，学科认同通常是与某种方法论的使用相关，鉴于方法论和方法技能在学科，特别是科学学科中的地位，这方面的障碍克服起来比较难。另外，学科领域之间相互借用工具和方法，使它们不断地跨越学科边界发挥作用，也使其成为跨学科工作的重要驱动力。

有鉴于此，一个跨学科的研究者或是研究团队需要花费相当多的时间来确立共识和相互学习新的方法、语言和文化。此外，在学科之间历史地形成的权势等级也是造成学者之间合作的困难之一。有些学科，特别是自然科学当中的学科似乎有一种天然的优越感，相比那些艺术、人文和专科的领域，它们对于自己的学科地位更为自信。然而需要学者们注意的问题是，即使是物理学也是在 19 世纪中叶才确立其学科地位的，而今天自然科学学科之间的界限已经越来越模糊，学科之间相互寻求合作关系的努力得到越来越大的鼓励和支持。

### 三 参与跨学科活动可能面对的心理障碍

有关开展或参与跨学科活动的心理方面的障碍，在各类文献中都涉及不多，只有芬兰科学院的报告比较系统地总结了心理障碍的几个方面。

① Henrik Bruun, Janne Hukkinen, Katri Huutoniemi & Julie Thompson Klein, *Promoting Interdisciplinary Research*, The Case of the Academy of Finland, 2005, p. 68.

报告认为，首要的障碍源于决心，即做出超越传统的认识论和制度边界的决断，从传统社会学的观点看，这一点对于研究者来说是件很困难的事情。这一障碍或许还可以从两个角度来讨论。美国学者拉图卡（Lisa R. Lattuca）2001年曾对参加跨学科教学的学者展开了调查，[①] 她发现，在不少学者对参与跨学科活动心存障碍的同时，还有一类学者，他们并不认为超越界限是一个障碍，而是视其为一种引人入胜的挑战，这些人被形容为"跨学科创业者"，他们具有心理学所谓的"创业警觉性"（entrepreneurial alertness），在别人感到是障碍时他们却看到了机会，他们有能力超越学科的界限来提出新的、有趣的研究问题，可以发现不同领域合作的机会。然而，一旦这两类学者面临合作时，新的问题也就出现了，在一方可能视为机会时而另一方则视为问题，而且争论可能并非源于所研究问题的独特性，而是源于不同的心理构成和风格。

参与跨学科活动的另一个心理方面的问题来源于学者在学术共同体之间迁移所引发的边缘化感受。当研究者参与一个学术上头绪较多的跨学科项目时，他们可能在一定程度上脱离此前所隶属的学科共同体，而加入一个新的研究者群体。而新的研究方向和侧重可能意味着研究者没有时间在其本领域的出版物发表成果或是参加会议，同时，过去的同行可能也会对他的工作失去兴趣，于是一种边缘化的感觉便如影随形。而如果这个新的跨学科的共同体尚处于不完备的状态，并未得到学术界

---

① Lisa R. Lattuca, *Creating interdisciplinarity：Interdisciplinary research and teaching among college and university faculty*，Nashville：Vanderbilt University Press，2001.

的广泛认可时，这一边缘化就尤其成问题，因为很难基于此而取得能够替代之前的身份认同的新的身份。

正如上文所指出，不同的学科有不同的文化，而有着不同学科文化的研究者聚集在一个跨学科团队中互动，可以引发大量的情感问题，包括一些负面的情绪，这就是报告所分析的第三个层面的心理问题。尽管在所有合作中，人际关系都是这类问题的潜在根源，但是在跨学科合作中，这类问题更易于出现，一方面由于参与者的想法和做法都是不同的，此外不同学科在学术领域中不同的等级地位也是其原因。学科机制和学术环境的重要作用之一就是为研究者提供一个保护区域，在其中，没有人质疑你的专业身份和行为基础，只要你符合学科的期望。然而，在跨学科的环境中，通常不存在保护带，研究者要面对他人的评判，而这通常是不愉快的经历，有时候冲突会是很深层的，因此，跨学科合作包含着情感压力，使它要比其他形式的合作更为困难。这也是为什么有些学者认为在这种合作中消除等级观念是一个重要前提，有人提出跨学科工作成功与否取决于参与者共同学习的能力，还有不少参与过跨学科活动的学者认为，互相尊重是项目成功的一个重要因素。①

## 四　来自组织、制度等方面的结构障碍

结构障碍主要涉及科学研究的组织结构，包括组织内部所形成的压力和激励机制。当今，几乎所有的研究都是在某

---

① Stuart Cunningham, Collaborating across the Sectors, in http：//www.chass.org.au/papers/collaborations/Four _ Barriers. pdf.

种组织的背景下进行的，大学、公立和私立研究所，或是工业实验室等，因此，组织的决策和组织规范的结构影响着研究的性质。

传统上，多数大学都是由不同的系和大大小小的学科所组成，这样的大学和研究机构的内部结构日渐僵化，既不利于部门间的接触，也不利于跨学科研究的开展。英国研究高等教育的知名学者斯蒂芬·罗兰（Stephen Rowland）① 在他的《探索大学》（*The Enquiring University*）一书中就指出，学科的界限和系之间的界限并不是一回事，跨学科的合作在跨越系的界限时会遇到很多困难，不仅如此，即使是在系的内部开展合作也并非易事，教学和研究的专业化和精细化在同事之间造成隔阂，使他们很难顺畅地交流，而有些大学行政机构的官僚作风则可能会加剧这一影响。有学者甚至认为，在制度僵化的情况下，跨学科活动所面对的管理层面的问题要多于知识层面的问题，而且，管理方要想建立新型的跨学科的制度结构阻力重重，因此，那些自下而上的跨学科合作似乎更易于推进和发展。

欧盟的《研究的跨学科性》报告还注意到，资助组织的结构是由大学的单一系科的传统结构引申而来，两相对应，其结果是，除非采取特别的举措，否则跨学科的研究计划就会两头落空。因此，如若不能在结构上应对跨学科的需求，这类研究体系就会丧失许多组织创新性研究的机会，在一些

---

① Stephen Rowland，*The Enquiring University*，Chapter 7：Interdisciplinarity，McGraw-Hill，2006.

重要研究领域中处于落后状态，同时也会流失很多最具创新精神的研究者。

在研究者个人方面，确有不少接受有关调查的学者反映，他们在尝试跨越科系和学院的界限开展合作研究时会感受到较大的制度压力，这些压力有的来自学科内部的考核评估制度，有的来自机构内部的资助惯例，还有的来自不同学科领域间在研究总量方面的竞争。[①] 近年来一些工业化国家所出现的研究资助方式的转变在一定程度上已经使这种组织结构的影响发生了细微的变化，例如在芬兰，其研究资助体系正逐渐地从大学内部的资助转向外部的、由公共机构提供的竞争性资助，这一变化使得学科对研究的压力至少在短期内有所降低。[②] 此外，一些调查和研究也显示，越是允许信息和人员在学院间的各项研究计划中自由流动的学术环境，越是有利于跨学科研究的繁荣，而且一种允许研究者自由进出的合作关系更有利于他们的跨学科课题取得进展，研究者对他们的专业成就也有更高的满意度。

尽管出现了某些积极的变化，但是对建立新的组织模式的呼声从未停止。针对一些新兴研究领域中跨学科研究的快速发展，欧盟研究咨询委员会十分关注欧洲的研究体系有没有必要的政策和手段来有效地应对这些挑战。委员会认为，学科的结构本身以及它们对新的学科的创造和接受，对于现代科学的进步是至关重

---

[①] L. Grigg, R. Johnston & N. Milsom, Emerging Issues for Cross-Disciplinary Research: Conceptual and Empirical Dimensions (Electronic version), 2003, in http://www.dest.gov.au/sectors/research_sector/publications_resources/other_publications/emerging_issues_for_cross_disciplinary_research.htm.

[②] Henrik Bruun et al. 2005, p. 62.

要的，跨学科研究的政策和手段并非要挑战强大的学科研究，而是一种补充。而好的跨学科结构不仅向新的研究领域开放，而且也为传统学科提供了灵活性和扩展的可能性。[①]

针对组织和制度问题，英国负责提供资助的各理事会还曾获得过这样一些建议，包括由各个大学联合资助一些"散兵游勇式的"学者以促进合作；确保大学中那些具有跨学科研究机会的领域有相应的规模；给予学术人员培训的机会，由大学和资助机构共同资助跨学科的研究休假计划；采用适当的方法和结构，以确保青年"学科跳跃者"（discipline hoppers）的事业发展得到支持、发展和回报；资助机构和大学为跨学科的博士后聘用、博士生的研究奖学金以及跨学科的教授职位提供资助，等等。[②]

目前，有些欧美国家的研究机构已经开始设立跨学科的委员会来管理相关的事务，一些新成立的大学也倾向于建立跨学科的系和学院，例如建立材料科学系，而不是物理系或化学系，建立创意产业（Creative Industries）学院以取代传统的艺术学院，等等，有的大学的组织结构甚至是以研究实验室为基础，而不是围绕系和学院来建立，其中最具历史和标志性的例子就是美国的洛克菲勒大学（Rockefeller University）。[③]

---

① European Union Research Advisory Board，Interdisciplinarity in Research，in http：//ec. europa. eu/research/eurab/pdf/eurab _ 04 _ 009 _ interdisciplinarity _ research _ final. pdf.

② L. Grigg et al. 2003，p. 50.

③ L. Grigg et al. 2003. 洛克菲勒大学（Rockefeller University）成立于 1901 年，是世界著名生物医学教育研究中心，该校的组织结构以实验室为主，具有极强的合作研究的传统，鼓励开创新的科学研究的领域，目前该校划归为跨学科的研究中心有 9 所。见 http：//www. rockefeller. edu/research/intercenter/。

在解决组织和制度的问题时还需要注意的是，对于旧有组织结构的改造并非只是加上一个跨学科的标签，而应该以彻底变革的视角来看待跨学科的方法，否则，旧制度结构的保留必然会对跨学科研究形成抑制或造成妨碍。此外，仅仅冠之以跨学科的名号或围绕庞大主题而设立的组织（诸如"全球气候变化""环境影响"或是"可持续的资源"）往往发挥的是一个联系中心的作用，即只是与一些寻求跨部门合作的研究者个人保持松散的联系，而不是形成一个致力于解决特定问题的有凝聚力的群体。这样的组织可以缓解制度的影响，但也并非就形成了新的适宜的制度形式。

此外，正如前面提到的，越来越多的外部资助引导了跨学科研究的发展，而这些外部资助对研究的组织结构的长期影响可能是未来科研政策研究所需要注意的一个有趣的问题。从多数情况来看，研究资助和研究计划一般在 1—4 年，这对个人研究者或是某个课题达成具体目标或许是足够了，但是对于推动新的领域的形成则远远不够，那么外部的研究资助机构在什么程度上能够推动新的跨学科领域的长期发展也是一个值得思考的问题。

正如斯蒂芬·罗兰所称，学科边界与系的边界并不是完全相同的东西，跨越系的界限要比跨越学科界限更为困难，制度的限制既提出了挑战，也唤起改革的动力。

## 五　资源以及评估所造成的外部压力

资源分配、项目评估和获得认可也是作为体制因素的外部性，这些因素也直接影响着计划申请可否获得资助、论文能否被刊物选用、项目成果如何评估以及研究成果和研究成就向社会公众的传播。

对研究者个人而言，常规的研究回报体系也是依照传统的单一学科的路径构成的，诸如在系或学院中获得职位提升、在本学科的专业刊物上发表论文、由本学科领域中的评估小组给予评价、获得相应的声望，为未来的研究和获得进一步的资助创造条件，等等。然而，有些接受调查的学者表示，参与多学科的合作并没有被看作个人职业发展中的重要一环，[①] 而且没有任何激励机制以敦促学者在研究中克服学科的局限，他们通常需要依靠个人的意志来完成工作。这对于吸引更多具有深厚学科知识根基的、有才华的学者参与跨学科活动无疑是一个非常不利的因素。

资源问题主要涉及研究可获得的资助。对跨学科研究参与者的调查显示，多数被调查者都反映现有的资助环境在他们看来无任何激励可言。无论在哪个国家，各学科学者之间的物理分隔都是相当分明的，而这种由于物理分隔所形成的问题在资助体系中也必然出现。目前大多数国家都是按照学科来申请和审议研究资助。以英国为例，英国有三个政府级科研管理机构资助人文和社会科学研究，其中，经济和社会研究理事会（ESRC）资助社会科学的各个领域；艺术和人文科学研究理事会（AHRC）资助艺术和人文科学研究；英国学术院则为无法从其他研究机构获得经费的人文和社会科学研究提

---

① Stuart Cunningham, Collaborating across the Sectors, in http：//www. chass. org. au/papers/collaborations/Four _ Barriers. pdf.

供支持。但在这种结构下，仍有些研究领域无法被覆盖，造成一些盲区。如果一项跨学科课题申请涉及分属不同的研究理事会的几个学科，就有可能遭到否决。虽然这项课题可以向英国学术院提出申请，但是学术院提供的经费要远远少于其他两个理事会的资助额。因此，只有少数小型课题可以通过这个渠道获得经费。[①]

同样的问题在芬兰也存在。芬兰的课题申报也必须分学科进行，课题申报首先要由一个同行评议小组或2—3名评议者来审查，他们分别来自不同的学科，审议时很注意研究计划的学术质量和申请者的水平，并采用了1—5级的划等标准；在第一轮初审之后，理事会的预选小组会提出初步的资助名单。预选小组中同样包括来自不同学科的成员，并在一定程度上跨越了人文科学和社会科学的界线；最后，理事会将就予以资助的项目做出最后决定，理事会的成员代表着人文科学和社会科学学科。由于审议过程是按照学科进行的，所以跨学科课题也会遇到一定困难。"虽然预选小组和理事会本身都包括来自不同学科的成员，但这并不一定意味着他们所从事的就是跨学科研究，或者他们赞同跨学科的课题。"[②]

经过若干年的发展，各国具有跨学科特点的研究计划越来越普遍，有些国家还向跨学科课题提供了长期资助，但文献调研显示，尚未有哪个国家针对跨学科课题建立"常规的"申请和审议制度。另外即使是尝试改变申请和审议方法，一些有

① 参见［芬兰］S. 凯斯基南、H. 西利雅斯《研究结构和研究资助的学科界限变化——欧洲8国调查》，黄育馥摘译，《国外社会科学》2006年第2期。
② 同上。

悖于其初衷的问题也会接踵而至。例如在澳大利亚研究理事会采用了复合审议申请（category of multi-panel application），将此作为其资助机制的一部分时，这一类别中却吸引了大量的质量较低的申请。① 因此，学者也提醒，即使认识到跨学科研究的重要性，也还需要注意，即不是每项非常规的研究都代表创新和巨大的学术发展潜力，而为了解决接受和承认的问题进行一些特殊的安排，会人为地在学科和跨学科研究之间造成对立，也会招致研究者中的机会主义，在更小竞争环境中寻求最多机会和最好结果的心理会使许多低水平的申请涌入。

即使获得了研究所需的资源，在成果发表过程中，跨学科的研究也会遇到困难，因为跨学科的成果不容易找到合适的读者，其所研究的问题并不是学科的热点问题，研究所采用的方法、范式和假设都不是现有学科所熟悉的，而且，跨学科工作所产生的论文很容易被那些"学科意识形态"（disciplinary ideology）浓厚的刊物所拒绝，因此除非是专为学科整合创办的期刊，否则跨学科研究者在那些知名的学科刊物上发表论文是非常困难的。

近年来跨学科的综合性刊物的数量已经有所增多，但是除了个别刊物（美国科学院的报告提到了 *Science and Nature* 和 *Proceedings of the National Academy of Science* 等较有影响的综合性刊物）之外，多数跨学科刊物都不具有单一学科刊物

---

① L. Grigg, Cross-Disciplinary Research: A Discussion Paper, Commissioned Report No. 61, Australian Research Council, 1999.

的声望和影响,[1] 学者或研究生在这些刊物上获得发表机会并不能成为他们专业发展的资本。

与获得承认有关的另一个重大障碍是如何对研究成果进行整体评估以及研究者个人能获得哪些回报，即他们的地位能否得到承认。跨学科研究应该如何评估？基于同行评议的学科评估体系能否公平地对待跨学科的计划和论文？如何对新的且是陌生的研究进行评估？这些都是跨学科研究的从事者或推动者经常提到的令他们忧虑的问题。

澳大利亚知名学者斯图尔特·坎宁安（Stuart Cunningham）认为，"一项课题基于一个学科，并由来自那个学科的学者进行评价，得到的分数要远高于一项寻求跨学科合作的课题。目前缺少能够兼顾课题的技术方面和社会方面的高资质的评估者"[2]。英国学者斯蒂芬·罗兰（Stephen Rowland）也指出，英国高校的学术研究评估机制（Research Assessment Exercise，RAE）加重了跨学科研究的不利地位，且多年也未见有相应的改进措施。在这一机制中，对跨学科工作的限定含混不清，研究者被建议将计划提交到一个最具相关性的学科评议小组，同时还建议他们提交给一个次相关的小组，罗兰认为，这一程序无助于提升跨学科研究的声望，而是更加令人感觉其缺乏学科的严密性。[3]

---

①　Committee on Facilitating Interdisciplinary Research，*Facilitating Interdisciplinary Research*，p. 139.

②　Stuart Cunningham，Collaborating across the Sectors，in http：//www. chass. org. au/papers/collaborations/Four _ Barriers. pdf.

③　Stephen Rowland，*The Enquiring University*，Chapter 7：Interdisciplinarity，McGraw-Hill，2006.

在对评估问题的研究中，不少学者提出了一些建设性的意见，例如，修改对跨学科研究和教育计划进行预期和回溯评价的同行评议过程；评估小组应在具有相关学科专门知识的学者之外，吸纳具有跨学科知识的研究者等。

芬兰科学院的报告还指出，目前许多同行评议体系都是围绕个人评估工作建立的，专家独自从事评估，这种模块化的过程将评估分解成若干部分，而评估者也视自己为某一特定领域的代表，而没有关注研究中跨越学科界限的那些方面，因此，在这种情况下，评估者之间的交流对于做出公平的评判是很重要的。为此，芬兰科学院采用过集体评估的方式，另一个选择是为评估者和研究者之间开展交流提供论坛，这样可以减少误解和误导的风险。此外，在计划和论文中更加明确地强调为什么选择跨学科的方法，以及其如何实施，也将有助于评估者将注意力放在这些方面。最后，传统上以高声望的出版物和颁发学位的情况来衡量研究过程的质量也被指出并不一定是最好的方式。

罗兰认为，跨学科工作具有创新性，因此直到其丧失创新性之前，都是很难予以评估的。目前，对于跨学科的评估已经有了不少专门的研究，也有的研究特别提到跨学科工作并非一定要比学科工作在评估中处于劣势。芬兰科学院的调查也显示，在其 2004 年的一般研究资助中，跨学科的课题计划在获得资助上与学科的课题计划几乎持平，就此报告撰稿人还鼓励从事跨学科工作的学者坚信，现代科学理念的内在特征就是创造新的知识，不管它是产生于学科的工作还是跨学科的工作。

近年来科学技术的进步不断地印证，科学发现越来越多地出现在学科之间的边界地带，多学科、跨学科研究正是重大科技进步的强大推动力，此外，经济和社会创新也呼唤来自更广泛的、不同学科的投入。然而不得不承认的是，在跨学科研究所呈现的巨大潜力和现存的整体研究体系结构、研究者的个人心理和能力、管理层的认识与作为，以及资助和评估体系之间依然存在着诸多的不相适应之处。

消除跨学科研究的障碍是一个复杂的系统工程，仅靠一种方法或战略难以取得实效，乐于推进跨学科研究和教育的大学或学术机构需要根据自身情况，制定一揽子的改革战略。最重要的是不应仅仅在口头上赞美跨学科活动，却总是使这类研究和教学活动成为一种志愿从事的超负荷的工作。

今天，越来越多的学术和专业机构都力争在更大程度上鼓励跨学科的活动，对于这些机构或组织的报告或文献都应予以认真的研究和讨论，以了解最新的变革，而与跨学科有关的聘用、任职、提升、薪金、奖励和工作合约等都应予以明文规定。总之，理论成果和实践的经验对于克服障碍，推进和支持跨学科研究是十分重要的资源，不少发达国家在这方面已经进行了不少努力，取得了一些重要的成果和经验。汲取经验，取长补短，最大限度地利用跨学科活动为社会经济发展带来的益处，正是各国科研管理和资助机构应予重视的问题。

# 第二节　各国促进跨学科研究的战略和政策

鉴于跨学科研究对于国家的社会经济发展和学术成长所发挥的作用日益显著，一些国际组织和不少发达国家的相关科研机构和管理部门纷纷对本国开展跨学科研究的现状展开调查，分析妨碍跨学科活动发展的问题，提出建议，敦促政府将其视为一种重要的科研战略，以此提升和扩大学术研究应对经济发展和社会需求的能力。

如前所述，OECD 是跨学科活动的最早的积极倡导者之一。20 世纪 70 年代初，OECD 在其"大学跨学科教育与研究活动调研"的基础上，出版了文集《跨学科：大学中的教学与研究问题》（*Interdisciplinarity：Problems of Teaching and Research in Universities*，Paris：OECD Publications，1972），其中对跨学科的定义、跨学科的基本理论以及大学中跨学科活动存在的问题进行了分析，这些定义和基本分析在后来的相关研究中多被视为经典来引证，是一部具有长远影响的论著。此后，OECD 持续地关注跨学科问题，并于 20 世纪 90 年代末发表其研究成果，指出了跨学科研究的未来趋势。其中特别提到：一项对 OECD 成员国的调查显示，在未来 10—15 年当中，最重要的科技发展将存在于各种技术之间的诸多潜在联系和明显的向跨学科发展的趋势之中（OECD，1998）。OECD 发表于 2000 年的论文更提出建议，指出其成员国应着手确定哪些是对于新经济至关重要的跨学科研究领域，并确定推进这些领域中的研究活动的备选机制。①

---

① OECD，*Interdisciplinarity in Science and Technology*，Directorate for Science，Technology and Industry，OECD，Paris，1998；New Policies for a New Economy：Emerging Issues in Public Funding for R & D，Directorate for Science，Technology and Industry，OECD，Paris，2000. 参见 L. Grigg，R. Johnston & N. Milsom，p. 6。

欧洲委员会在 20 世纪 90 年代也开始强调跨学科活动对于提升欧洲整体竞争力的重要性。在其 1995 年发布的"创新绿皮书"（*Green Paper on Innovation*）中，该委员会指出，现有（教育和培训）的制度结构及其对待变革的态度极为僵化，妨碍了它们调整和更新计划的能力，这被认为是欧洲能否与美国和日本进行成功竞争的四个重要障碍之一。委员会还指出，各类教育行政体系是僵化和缺少灵活性的根源，因此强调需要"全面打破学科之间的屏障"。鉴于这样一种认识，在其第五和第六个框架研究计划内，欧洲委员会进而明确鼓励跨学科研究和对跨学科进行研究。[1] 这样一种认识的提出和具体框架计划的制订，对于欧洲各国起到了强有力的指导和推动作用，欧洲各国的研究、研究管理与资助机构都围绕框架计划制定自身的研究发展规划，并将跨学科研究活动作为重要的方面给予强调和支持。

2004 年，欧盟研究咨询委员会（European Union Research Advisory Board）还针对欧盟在开展跨学科研究方面所存在的障碍发表了《研究的跨学科性》（*Interdisciplinarity in Research*）的政策报告，分析了问题，并从研究人员的教育和培训、大学的结构和政策，以及研究资助机构等方面提出了建议。

在英国，其八个重要的研究理事会中与人文社会科学研究最为密切的"经济与社会研究理事会"（Economic and Social Research Council，ESRC）和"艺术与人文科学研究理事会"

---

① 　Gabriele Griffin，Pam Medhurst & Trish Green，2006，Interdisciplinarity in Interdisciplinary Research Programmes in the UK，2003，in http：//www. york. ac. uk/ res/researchintegration/Interdisciplinarity _ UK. pdf.

（Arts and Humanities Research Council，AHRC）都将对跨学科研究计划给予支持和资助作为其职责范围内的一项重要工作。在"经济与社会研究理事会"2009—2014年战略计划中，理事会特别提出"合作是研究和解决复杂挑战的根本"，而合作的形式包括研究团队、跨学科研究、国际项目以及和企业、政府和其他第三方组织的协议。在该阶段战略计划中，理事会确定了"全球经济表现、政策与管理""健康与福利""认识个人的行为""新技术、创新与技能""环境、能源与恢复力""防卫、冲突与公正"和"社会多样性与人口动态"七个重点领域，针对这些课题，"采用跨学科合作""创新跨学科方法""创建更为综合的跨学科研究共同体"以及"获得对某一问题的跨学科认识"等措施和目标遍布其中，成为重中之重。

1999年，对德国研究联合会（Deutsche Forschungsgemein-schaft）和马克斯—普朗克协会（Max-Planck-Gesellschaft）进行体制评估的国际委员会（Internationale Kommission zur Systemevalu-ation，IKS）在其《促进德国研究资助》（*Forschungsförderung in Deutschland*）的报告中强调，跨学科和以问题为导向的研究，尤其是跨机构研究是科学创新的重要前提，因此应当加强跨学科研究，以及基础研究和应用性研究的相互结合。[①]2000年，德国科学委员会（Wissenschaftsrat）也在其《德国科学体制未来发展要义》中提出要加强跨学科研究，并指出

---

① Wilhelm Krull，Forschungsförderung in Deutschland，Scherrer Verlag，1999，pp. 5 - 6.

跨学科不仅是对科研和应用的融合，也是解决未来问题的重要方法。

在德国，为大学和其他公立研究机构提供资助的重要机构德国研究联合会（The Deutsche Forschungsgemeinschaft，DFG）也将促进跨学科研究作为其使命之一。联合会认为，全球化的知识社会越来越需要在自然科学和人文科学中采用跨学科的方法，而且很明显，当今科学的进步通常出现在各学科知识的边缘地带和交叉部分，因此联合会特别关注促进跨学科性和网络化。联合会利用各种资助手段，诸如设立重点计划、合作研究中心等，其目的不仅在于通过竞争来推动最优秀的研究，而且希望鼓励研究者之间的合作并促进高效的研究结构的形成。由于联合会将支持研究者之间的合作看作自身的责任，因此促进不同专业领域的学者之间的交流与合作就成为 DFG 资助活动的重要内容之一。[①]

在芬兰、丹麦等北欧国家，进入 21 世纪以来，跨学科也已成为一种重要的科研战略而被重视和研究。例如，2004 年，芬兰科学院的国际评估小组向科学院提出建议，指出科学院应该制定自身的研究政策、开发评估体系和组织，以鼓励更多的跨学科活动。针对这一建议，科学院委托一个国际化的专家小组，对科学院利用其年度统筹研究拨款（General Research Grants）推进跨学科研究的程度和方法进行了调查，并在调查的基础上，对科学院如何改善这方面的工作提出了建议，这些建议包括，加强

---

① 参见德国研究联合会网站 http：//www.dfg.de/en/dfg_profile/mission/interdisciplinarity/index.html。

和积极宣传科学院有关鼓励综合的和跨学科研究的科研政策，重点加强科学院的跨学科研究的制度能力建设，修订评审研究计划的标准，改善研究成果的评估程序，调整包括统筹拨款在内的所有资助机制，以支持跨学科研究，等等。

丹麦经济研究院（Danish Business Research Academy）和丹麦商业教育论坛（Danish Forum for Business Education）的宗旨是增进研究和教育计划与丹麦的经济部门的相关性，并提高经济界和社会科学、人文科学研究机构的互动。在这样一种背景下，上述两个机构在丹麦研究与研究政策中心（Danish Centre for Studies in Research and Research Policy，CFA）和丹麦评估研究所（Danish Evaluation Institute，EVA）的协助下，对丹麦的研究和高等教育领域的跨学科研究方式进行了调查和分析。该报告指出，在研究和教育领域增强跨学科性本身不是目的，而是创造新知识和世界水平的竞争力的一种手段。在丹麦，在研究和教育中跨学科思考的价值已经受到重视，有了许多好的愿景和政策层面的目标，但是在实践方面，特别是与那些走在前面的科研教育机构相比较，丹麦还有许多工作要做。报告将调查的主要发现进行了总结，提出了诸如制定统一的国家战略，侧重并有效地支持真正的跨学科研究，学习其他国家，特别是斯坦福大学、牛津大学和麻省理工学院等高等教育机构开展跨学科研究和教育的经验等建议。

美国是最早开展跨学科研究的国家之一，近年来，美国科研领导机构就如何在国家层面积极运用宏观政策，引导跨学科研究的发展，并在研究资助上给予倾斜等问题开展了广泛调研。最明显的例证即是前面反复引证的美国国家科学院联合国

家工程院（National Academy of Engineering）和医学研究院
（Institute of Medicine）等权威机构共同组成的促进跨学科研
究委员会，在凯克基金会（W. M. Keck Foundation）的资助
下对美国科学界开展跨学科研究的状况所进行的调查，其研究
报告围绕跨学科的定义、跨学科研究的驱动力、成功的跨学科
工作的本质、跨学科的学生和学术研究人员的工作环境和任
务、跨学科教育和研究的制度障碍以及推进政策、跨学科研究
和教育的评估等问题展示了委员会的调查结果和相关分析，并
在报告最后对研究结果和建议进行了综合，为所有与跨学科研
究和教育有关的部门、人员提供了一个总体的指南。

　　从上述例证可看出，这些国家都将其科学研究的重点放在
提升国家在世界经济中的竞争力，放在回答最为紧迫的社会现
实问题、应对挑战和抓住机会上。实际上，这也是当今世界大
多数国家的共识。由于要解决的问题具有综合性和复杂性，答
案和方法也不可能从单一学科的研究中寻找，因此，跨学科研
究越来越成为重大研究领域和重点问题研究取得成功所必需的
途径和方法，其基础性地位正在得到确立。

# 第三节　跨学科研究的资助政策

　　促进跨学科研究在操作层面最为重要的举措是发挥资源配
置的导向作用。不少发达国家都极大地加强了对跨学科研究的
资源配置和资助力度，跨学科研究的项目和计划在不少发达国
家科学研究的整体规模中也占据了越来越大的比重。通过对所
获文献的归纳，各国对于跨学科研究的资助手段主要包括以下

几个方面。

## 一 确立总体的资助政策和发展战略

欧洲研究理事会（European Research Council）是欧洲重要的研究资助机构，其重要使命之一是资助研究者为导向的前沿研究（investigator-driven frontier research），通过支持和鼓励那些在研究中甘冒风险的杰出的、勇于创新的科学家、学者和工程技术人员，鼓励他们超越业已确立的知识范畴和学科界限，来推进科学的发展。[①] 理事会主席在网站的留言特别强调了前沿研究的重要性，指出前沿研究（前沿技术）和未知领域的探索是理事会使命的核心，也是理事会 2020 战略中任何顶级创新活动不可或缺的重要组成部分。前沿研究是新思想的最有效源泉，并能够为欧洲培养杰出的研究者。[②] 理事会在其获取资助的指南中还明确地对前沿领域进行了限定，即指不考虑学科界限的、超越知识范畴的研究探索。

欧盟研究咨询委员会（European Union Research Advisory Board）2004 年的政策报告（Interdisciplinarity in Research）中，就欧盟各国当时为跨学科研究提供资助的一些创新做法进行了梳理，并向欧洲委员会提出了一些具体的建议，包括：①确保建立适宜和透明的机制，以便考察学科重点计划中的跨学科要

---

[①] 参见 http：//erc. europa. eu/index. cfm? fuseaction ＝ page. display ＆ topicID＝12。

[②] Helga Nowotny，Message from the President of the European Research Council，in http：//erc. europa. eu/index. cfm? fuseaction ＝ page. display ＆ topicID＝58.

素，以及完全意义上的跨学科计划，要为这些项目分配合适的评估专家小组，采取交叉参照和联合评估的灵活做法；②确保工作计划的预算结构不对跨学科项目构成歧视；③提高对新兴科技计划（NEST Programme）[①]的支持，包括将当时的总预算（大约 235 MEuro）提高一倍；④确保 SINAPSE 网络[②]纳入一个促进跨学科研究的论坛，以传播好的实践做法，并对正在出现的新兴领域给予确认；⑤考察欧盟内外的研究资助机构设计、评估和管理跨学科研究的机制，如有对良好实践活动的分析或有利用价值的指导原则，则给予发表，将重要的发现整合到欧盟的研究计划中。[③] 这些建议为欧盟第 6 框架计划加大推进跨学科合作的力度发挥了重要作用。

2005 年，芬兰科学院的《促进跨学科研究》白皮书，其主旨也在于制定研究政策，开发评估机制和创建组织机构，以鼓励更多的跨学科研究。科学院研究小组利用三个年度（1997、2000、2004）的一般研究拨款的数据、对研究者和官员的调查访谈，以及文献调研，分析了科学院是如何以及在多大程度上推动跨学科研究的，在此基础上提出了改进措施，并特别提到应对资助机制进行调整。其中指出：除了在所有研究

---

① 即 New and Emerging Science and Technology 项目，是欧盟第 6 框架计划的组成部分。参见 http：//cordis. europa. eu/nest/。

② SINAPSE 是由欧洲委员会提供的一项公共服务，是一个网络交流平台，通过联络咨询团体、支持专家小组、点对点或公开咨询和讨论等方式，促进欧盟在决策与治理上更好地利用专业知识。参见 http：//europa. eu/sinapse/。

③ European Union Research Advisory Board，Interdisciplinarity in Research，2004，p. 9，in http：//ec. europa. eu/research/eurab/pdf/eurab _ 04 _ 009 _ inter-disciplinarity _ research _ final. pdf.

中鼓励跨学科性之外，还应有一些特殊的措施，例如为大型的跨学科研究课题和联合体提供初始的种子基金，为个人研究者提供的研究经费须有助于提高资助获得者的现有能力，另外，还应设计配套模式，也就是资助机构提供 50％的经费，而大学和研究所提供另外 50％，这种方法可以鼓励目前以学科为单位的大学和研究所拨出更多的经费来推动跨学科研究。

为促进跨学科的能力建设和机构调整，芬兰科学院的研究小组还建议大学和研究机构应针对跨学科研究制定五年规划，对下属部门给予战略指导；大学需建立针对跨学科计划的办公室，支持相关的活动，协调各个部门，确保对跨学科计划支持的可见性和合法性；这类办公室还需落实特殊的跨学科评估和评审方法，以便对各部门的成果和机制给予确认；大学和研究机构还应该通过开发多样化的资源，包括内部的激励和种子基金以及外部的资助，建立多元化的资金组合来支持跨学科研究。它们可以在一些目标领域有选择地资助一些提升跨学科前沿研究的计划，而且，在各系、计划和中心之间建立较为紧密的合作关系，并鼓励与不同地区、不同国家和国际网络建立研究和教学的伙伴关系。

跨学科研究的整体战略在有些国家是现实存在的，同时也是一些国家学术界的积极呼吁。例如丹麦经济研究院 2008 年发布的跨学科报告就将敦促制定一个统一的国家战略作为报告的中心目标之一。该报告指出，就国际层面而言，跨学科已经被提上议事日程，许多国家和国际组织已经就此制定了战略，而且，跨学科在 OECD 和欧盟，特别是欧洲研究理事会得到高度的重视。近年来，美国、瑞典、芬兰等国家也制定了明晰的战略，将加强跨学科作为其研究和教育政策的重要部分，因此，报告敦促，如果丹麦不想落后于这些主要的知识国家，也应该将跨学科作为研究和教育的政策重点，作为未来新的战略研究计划的重要组成部分。

## 二　确立重点资助领域引导跨学科研究

在许多国家，专业理事会或基金会是分配政府研究资助的一个重要渠道，如美国的国家科学基金会、美国社会科学研究理事会（SSRC）、德国研究联合会（DFG）、法国国家科研署（ANR）、法国国家科学基金（FNS）、英国经济与社会研究理事会和艺术与人文科学研究理事会，以及澳大利亚研究理事会（ARC）等。这些研究会和理事会大多通过确立重点研究领域来引导经费的分配去向，而这些重点领域都是以集合多学科的参与为基本前提的。

在美国，国家科学基金会（NSF）等资助提供方通过确定优先资助领域，明确加大对跨学科研究的经费支持。2004年，基金会从国会申请到的用于研究和相关活动的41.1亿美元当中，有7.65亿美元（较之2003年增加了16.5%）是专门提供给4个重点研究领域的，而这4个领域都是跨学科的研究领域，它们是：环境中的生物复杂性、信息技术研究、纳米科学和工程学以及人与社会动态发展研究。毋庸置疑，这些都应属于前沿领域和关乎重要国家利益的领域。[1]

---

[1]　刘小鹏、蔡晖:《中美主要资助机构支持交叉学科研究之比较》,《中国基础科学》2008年第3期。

与国家科学基金会类似，美国国立卫生研究院（National Institutes of Health，NIH）在 2004 财政年度当中为其新的进程计划（NIH Roadmap）做出了 1.3 亿美元的预算，而在之后 5 年中的计划预算是 21 亿美元，这笔费用将用于支持其最新计划中的跨学科培训项目、研究中心和以促进合作为目的的会议。

除了公共资助之外，私人资金对于跨学科努力的支持也已经出现，例如 2003 年 4 月，美国凯克基金会投入 4000 万美元，为美国国家科学院的"国家科学院凯克未来创新活动"（National Academies Keck Futures Initiative）提供为期 15 年的资助，而该项活动的目的正是在于"刺激新的探索模式，打破跨学科研究的概念障碍和制度障碍"。除此之外，还有一些私人资助的中心也向大学的跨学科研究计划开放，为其提供经费等方面的支持。①

英国经济与社会研究理事会下设的研究重点委员会（Research Priorities Board）也将对跨学科研究的支持作为其政策重点。委员会在阐述其政策时明确表示：委员会欢迎提交高质量的跨学科计划，目的在于鼓励不同学科研究者之间的合作，为被研究的问题寻找恰当的答案，并使研究人员掌握跨越传统学科界限来解决问题的必要技能。在对支持跨学科研究的政策与实践进行总结的基础上，委员会提出了一项临时性的措施，即希望所有申请者在他们提交计划的"研究设计"部分标明他

---

① 参见 Diana Rhoten，Interdisciplinary Research：Trend or Transition，in Social Science Research Council：*Items & Issues*，2004，Vol. 5，No. 1 - 2，in http：//publications. ssrc. org/items/items _ 5. 1 - 2/interdisciplinary _ research. pdf。

们计划开展研究的跨学科程度，说明涉及的学科和技能以及理由，说明需整合的学科范围以及如何实现这种整合，并就与社会科学范畴之外的学科建立联系做出解释。除此之外，委员会还特别指出：有效的跨学科整合需要时间，而且由此将影响到项目的经费，也就是说，委员会认识到跨学科项目需要更长的时间和更多的资助。

除了经济与社会研究理事会，英国联合研究理事会（UK Joint Research Council）从更宏观的角度对英国的学术资助机构提出建议，认为应更多地考虑在以下几方面为研究活动提供资助，其中包括：联合各所大学，对处于散兵游勇状态的学者的学术活动提供资助，以促进更多的合作；鼓励在所有水平上的和双向的学科跨越（discipline hopping）活动，包括给予相关研究人员休假的政策支持；针对跨学科活动的特点，鼓励建立研究中心；促进形成新的机制，以提供更多学科间相互作用的机会；为跨学科研究人员和相应职位提供资助；资助博士生从事边缘性的研究，等等。①

同样，为了使学术研究更好地服务于国家未来的繁荣与人民的福祉，澳大利亚政府于 2002 年确定了 4 个国家重点研究领域，包括环境可持续的澳大利亚、改善并保持良好的健康、建设并改造澳大利亚工业的前沿技术以及澳大利亚的安全。这些重点领域从酝酿、确定直至完善，始终都在采用跨学科的工

① L. Grigg，R. Johnston & N. Milsom，Emerging Issues for Cross-Disciplinary Research：Conceptual and Empirical Dimensions（Electronic version），2003，in http：//www.dest.gov.au/sectors/research _ sector/publications _ resources/other _ publications/emerging _ issues _ for _ cross _ disciplinary _ research. htm.

作方针。而且这 4 个重点研究领域也成为澳大利亚研究理事会最大的资助对象,例如在研究理事会 2005 年"联系计划"中获得资助的项目有 488 项,资助金额总计约为 1.16 亿澳元,其中 86.5% 的是属于国家重点研究领域中的课题,而最大部分(占"联系课题"资助总额的 31.7%)提供给了"环境可持续的澳大利亚"这一重点领域。①

### 三 创建和资助跨学科研究所和研究中心

世界科学技术竞争的加剧,复杂的社会现实问题,使政府赋予了大学开展针对性研究的重大使命,"任务导向型"的资助结构使得综合性大学纷纷建立跨学科的研究中心和研究所,以应对政府、业界和社会的需求。这些中心和研究所既可以获得大学的统筹经费,还因其研究工作的跨学科性、前沿性和应用性而获得政府、企业和其他资助机构的外部支持。这些中心还具有灵活性的特点,既可以长期存在,也可以在任务结束后解散;既可以始终保持着最初目标,也可以改变其学术重点。因此,无论是在获得资助上还是在其他方面,这些研究所和研究中心较之传统学科院系都更具优势。

美国国家科学基金会支持跨学科研究的一大举措就是资助科学技术中心(STC)、学习科学中心、工程研究中心等研究基地的建设。其中,STC 的经验最值得借鉴。STC 通常是由多所大学组成,以其中一所大学为主,中心一般还有政府实验

---

① 刘霓:《步入 21 世纪的澳大利亚社会科学》,载何培忠主编《步入 21 世纪的国外社会科学——发展、政策与管理》,中国社会科学出版社 2010 年版,第 18、33 页。

室、公司及非营利机构等参与。STC 的工作包括三方面内容，即从事以大学为基础的跨学科研究、开展创新性教育活动、鼓励知识向社会其他部门转移。对 STC 的支持是长期的，一般持续时间为 10 年左右。在从 1989 年开始的分 5 个批次所支持的近 40 个 STC 项目中，科学基金会对每个中心的年资助金额都在 150—400 万美元之间，此外，合作伙伴还有相应的资金配套。①

在美国的大学内部，尽管管理层对专事跨学科研究的组织创立持谨慎态度，但是一旦成立即可获得稳定的经费支持。如美国加利福尼亚大学的多校区研究部门（MUR）和组织化研究部门（ORU）②，通过评估获得资格后，即可享有独立预算的地位，行政管理、薪水津贴、设备仪器等都可得到保障。除此之外，大学还从科研经费预算中划出一部分资金作为资助项目的专项资金，用于包括研讨会、数据库开发、建立研究记录以获得外部支持等活动。

有的大学推进跨学科研究的做法则更为积极一些，如美国哥伦比亚大学。调查显示，哥伦比亚大学对跨学科教育和研究始终非常支持，研究中心和其他形式的跨学科研究部门可以由学院建立，而无须得到大学理事会和校长的批准，在该校这类单位 1996 年有 105 个，2001 年有 241 个，2004 年达到 277

---

① 刘小鹏、蔡晖:《中美主要资助机构支持交叉学科研究之比较》,《中国基础科学》2008 年第 3 期。

② 由于加州大学是有 10 个分校的庞大体系，其跨学科研究组织分层分级，前者主要是校一级的跨学科研究组织，由不同的校区共同组成，后者主要是隶属于各分校的跨学科研究组织。参见周朝成《当代大学中的跨学科研究》，中国社会科学出版社 2009 年版，第 61 页。

个。学校认为，与系的传统组织形式比较起来，研究所和中心在规模上更大、资源更多，对学校的贡献也更大，其中有些在知识的影响力上甚至超过了传统的系。①

在澳大利亚，其研究理事会（最主要的政府研究资助管理机构）提供资助的一个重要方式就是"ARC 研究中心"计划，在 2004—2005 年，研究理事会资助了一系列的中心，包括"ARC 卓越研究中心""ARC 研究中心"、合作资助的"卓越研究中心"等。在该年度获得 ARC 研究中心地位的机构将在2005—2009 年获得总额为 1.22 亿澳元的资助，且另有其他捐助组织承诺提供的 0.71 亿澳元的资助。

在法国的人文社会科学界，进入 20 世纪 90 年代以来，多学科研究与历史学、区域研究和经济学这类传统领域一样日益成为关注的重点，从下表中可以看出，1990 年以来成立的隶属于国家科研中心的研究室中，属多学科研究的研究室占到12.1%，仅次于历史学研究（18%），而高于区域研究和经济学研究的研究室比例（11.2%和 10%），鉴于区域研究就实质而言也属于多学科研究的范畴，因此两者相加在全部研究室中便占据了 1/5 以上的比重。（见下表）

**1990 年以来成立的隶属于国家科研中心的研究室学科分布**

| 学科 | 机构数量 | % | 学科 | 机构数量 | % |
| --- | --- | --- | --- | --- | --- |
| 地理学 | 4 | 3.4 | 区域研究 | 13 | 11.2 |
| 法学 | 4 | 3.4 | 人类学 | 1 | 0.9 |

① Committee on Facilitating Interdisciplinary Research，*Facilitating Interdisciplinary Research*，2004，p. 20.

续表

| 学科 | 机构数量 | % | 学科 | 机构数量 | % |
|---|---|---|---|---|---|
| 管理学 | 1 | 0.9 | 社会学 | 11 | 9.5 |
| 环境科学 | 6 | 5.2 | 生态学 | 2 | 1.7 |
| 教育学 | 1 | 0.9 | 图书馆、情报与文献学 | 1 | 0.9 |
| 经济学 | 10 | 8.6 | 文学 | 2 | 1.7 |
| 考古学 | 8 | 6.9 | 心理学 | 3 | 2.6 |
| 历史学 | 18 | 15.5 | 信息科学 | 3 | 2.6 |
| 民族学 | 1 | 0.9 | 艺术学 | 2 | 1.7 |
| 语言学 | 2 | 1.7 | 宗教学 | 2 | 1.7 |
| 哲学 | 3 | 2.6 | 多（跨）学科 | 14 | 12.1 |
| 政治学 | 4 | 3.4 | | | |

资料来源：根据 http://www.cnrs.fr/fr/recherche/labos.htm 整理（访问时间：2008 年 11 月 3 日）。

除上述传统的研究室建设，法国科研体制中还有一种独具特色的组织形式，即混合研究室。混合研究室是一种重要的组织形式，也是开展跨学科研究的重要基地。混合研究室的发展缘起于第二次世界大战结束后，法国国家科研中心致力于一些新的学科领域，然而当时高等院校在这些新学科领域中的研究力量不足，于是法国国家科研中心发展了自己的设备完备的研究室。这些研究室吸收了从美国归来的教授，并因此可以调整研究方向及其在大学中的教学内容。1962—1965 年，时任法国国家科研中心主任、巴黎理学院教授的皮埃尔·雅基诺（Pierre Jacquinot）决定创建国家科研中心与大学的联合研究室。经过磨合与发展，大学和法国科研中心建立的混合（联合）研究室取得了成功，并促使公共科技机构和工商业界的机构也加入其中，或创建一些新的联合实验室。与传统的研究室相比较，这种混合研究室具有自身的优势，如科研人员能更高效地就某一主题开展研究，研究经费更为充裕，研究的硬件设备也得到添置和补充。此外，硕士和博士研究生在准备论文时也可参与研究室的研究工作。同时，公共科技机构自有研究室的数量减少，截至 2003 年，自有研究室约有200 个，而混合研究室的数量则达到了 1900 个。这些共属多个公共科技机构的混合研究室通常设在大学里，是法国开展研究工作的基本单位。自欧盟研发框架计划实施以来，法国许多混合研究室和欧洲研究室以及商业企业广泛开展合作研究。法国地方政府也与混合研究室建立合作关系，开展各类课题研究。①

为了提升德国大学的国际竞争力，2004 年，时任联邦教育与研究部部长的布尔曼（Edelgard Buhlman）提议政府遴选并支持 6 所大学成为德国的顶尖大学，接下来的 18 个月内联邦政府就根据该建议制定了"卓越计划"（Exzellenzinitiative），该计划出资 19 亿欧元，其中 75％由联邦政府提供，25％由州政府负责提供。参与该计划的德国高校要在三个方面进行竞争，其中第二项即是衡量一所大学以创新的方式联合最强的学术项目，开展高质量的跨学科研究的能力。竞争的胜出者将连续 5 年获得每年约 650 万欧元的研究经费。由此可见，跨学科研究在德国大学中有着十分重要的意义，是大学现代化

---

① 《步入 21 世纪的法国社会科学》，载何培忠主编《步入 21 世纪的国外社会科学——发展、政策与管理》，中国社会科学出版社 2010 年版，第 199—200 页。

改革，提升竞争力的重要助力。[1]

德国大学的鲜明特点之一即它们一向秉承的"教研统一"和"产学结合"的原则，德国大学在院系之外都设立有很多研究所、研究中心和研究小组，并在从事传统基础研究的同时，与政府、企业等外部机构开展合作，进行应用性研究。因此，这些大学附设的研究机构既肩负了跨学科研究组织者的任务，也方便政府和企业通过它们为跨学科活动给予支持和资助。

德国大学的跨学科研究中心，可以囊括所有的跨学科研究课题，并为这些研究课题提供相应的经费支持。例如，德国比勒菲尔德大学（Universität Bielefeld）的跨学科研究中心（Zentrum für interdisziplinäre Forschung）[2] 即向世界所有国家各个学科的优秀学者提供科研经费和奖学金，鼓励他们共同完成跨学科研究课题。该中心主要采取三种组织形式，即科研组、合作组和工作组。各个小组首先要向中心提交科研题目，经过评估和中心咨询委员会听证后，最终由中心科学理事会决定是否通过。如果题目申请通过，各小组会根据组长的建议从世界各国挑选相关学科的优秀学者，邀请其到跨学科研究中心共同参与科研项目。其中科研组的科研项目通常为期一年，合作组通常是1—6个月，这两种小组的工作方式包括讨论、会议、邀请客座学者、发表科研成果等；工作组的项目则只有

---

[1]　张帆：《卓越计划：德国高等教育的重要战略》，in http：//www.tsc.edu.cn/extra/col19/1257129011.doc.

[2]　该中心成立于1968年，是该校的核心机构之一，也是德国第一所专门的跨学科研究中心。

2—14 天，其主要任务是组织来自各国的各学科学者参加讨论会。① 除了通过研究中心为跨学科活动提供资助，德国的大学还可根据不同的研究问题，依托某个核心研究所或研究中心，组织、结合其他研究所、院系、其他高校或其他校外研究机构的力量共同完成研究课题。

此外，德国其他主要研究机构如马克斯—普朗克协会、亥姆霍茨联合会、莱布尼茨科学联合会、弗劳恩霍夫协会等均下设多个研究所和研究机构，其中有相当数量的跨学科机构。各个协会通过资助和支持这些研究所和研究中心，也使跨学科活动得到更大范围的发展。例如马克斯—普朗克协会中的知识产权、竞争法与税法研究所、化学生态研究所、教育研究所等。其中在教育研究所中，来自心理学、教育学、社会学、医学、历史学、经济学、信息学、数学等多个领域的学者共同完成各种与教育有关的跨学科课题。

尽管有大学和协会等重要科研主导机构拨款建设相关的研究所和研究中心，然而科研人员仍可通过其他途径获得经费支持，而较之传统的学科研究，跨学科研究机构能够更多渠道地获得外部的资助。丹麦经济研究院发表于 2008 年的《跨学科思考：研究与教育中的跨学科性》（Thinking Across Disciplines：Interdisciplinarity in Research and Education）报告即通过数据分析，显示跨学科研究部门的研究人员比单一学科研究机构的研究人员获得更多的外部资助，这些外部资助来自商

---

① 参见 Zentrum für interdisziplinäre Forschung，http：//www.uni-bielefeld.de/ZIF/。

业、研究理事会、基金会、公共主管当局以及国外组织,而国外的资助以欧盟计划为主。数据显示,跨学科研究部门的研究人员平均每年获得来自国外的资助为 67000 丹麦克朗,而单一学科研究机构中的人员每人每年获得的国外资助为 34000 丹麦克朗。[①] 这显示了跨学科研究机构更高的国际化程度和更强的多渠道获取知识和资源的能力。

### 四　通过课题、计划和奖学金对跨学科研究进行资助

除了通过建设研究所和研究中心,提供组织结构上的保障之外,课题资助、研究计划或课程计划,以及设置奖学金等,也是对跨学科研究提供资助的重要方式。

例如,在法国,法国国家科学研究中心 (Centre National de la Recherche Scientifique,CNRS) 近年来一直通过积极资助重点项目来扶植跨学科研究的发展,该中心制定跨学科研究计划的主旨即促进跨学科研究,以增进知识、确保经济和技术发展以及解决复杂的社会问题。中心将推进跨学科计划的目的归结为两个方面:在不同传统结构的边际地带推进新的科学领域的形成;应对科学、技术、社会和经济问题的挑战。在国家科学研究中心 2003 年公布的"跨学科研究项目书"中,为不同领域的 22 个跨学科项目提供了每年将近 2000 万欧元的资助。这些项目被划分为五个领域:"生存及其社会挑战""信

---

①　The Danish Business Research Academy, et al. Thinking Across Disciplines:Interdisciplinarity in Research and Education,p. 76,in http://fuhu.dk/filer/DEA/Publikationer/08 _ aug _ thinking _ across _ disciplines. pdf.

息、通信与知识""环境、能源与可持续发展""纳米科学、纳米技术、材料"和"宇宙粒子：从粒子到宇宙"。国家科学研究中心为这些项目提供资助的年限最短为 4 年，最长为 10 年。每个项目都任命了学术指导人、项目主任和程序委员会主席。每个项目的说明中大致包括了这样几项内容：项目的主旨（或目标与前景），国际、国内或欧洲的背景，参与者（所涉及的不同学科领域以及研究者和实验室的数目等），对项目的描述，进展情况，活动方式，主要进展和阶段性成果（包括发起组织的大型国际会议、活动等）。具体如"信息、通信与知识"中的"信息社会"项目，资助年度为 2001—2005 年，项目的主旨在于阐述技术创新的社会影响，参与的学科和单位涉及语言学、心理语言学和心理学、社会学、经济学、地理学、法律，还包括考古学、历史学和文学等专业领域的学者。"信息社会"计划围绕三个主题进行组织，即"知识管理与多媒体内容""人与信息体系的互动""建设一个信息经济和信息社会"。[①]值得一提的是，法国国家科研中心人文社会科学部也将跨学科研究放在重中之重的位置，旨在使人文社会科学和自然科学的研究人员共同开展研究，同时加强人文社会科学内部的合作。[②]

　　法国另一个重要的科研资助机构法国国家科研署在进行项

---

　　① Centre National de la Recherche Scientifique，The CNRS interdisciplinary research programmes，2003，in http：//www 2. cnrs. fr/en/362. htm.

　　② Nicky Le Feuvre & Milka Metso，Disciplinary Barriers between the Social Sciences and Humanities，National Report on France，2005，p. 49，in http：//www. york. ac. uk/res/researchintegration/National _ Report _ France. pdf.

目资助时同样重视项目的跨学科性，从 2005 年它对资助申报项目的评估标准和评分（总分数为 20 分）情况可以看出跨学科性在其中所占的比重。这一标准分别是，课题的科研价值（即对科学进步的作用）：2 分；课题的论证、预期目标和结果：2 分；课题的独创性和突破：1 分；国际性：1 分；跨学科性：2 分；课题主持人的科研成绩，主要表现为课题主持人的出版作品和专利情况、领导和协调课题组成员的能力：4 分；课题组国际和国内知名度、课题组成员的能力是否契合课题目标以及课题组成员能力的互补性：5 分；课题与所申报的资金、技术设施和人员是否协调：3 分。[①] 其中，跨学科性与科研价值等同，各占 2 分，而课题组成员能力的互补性实际上也是间接与跨学科性相关的条件。

在德国，德国的科研经费主要来源于联邦和各州政府、经济界、基金会以及欧盟。在政府机构中，联邦政府的资助力度要远大于各州政府，而联邦政府各部门中，联邦教育与研究部的研究与发展经费占到三分之二，是主要的政府资助来源。联邦教育与研究部科研资助的主要形式有项目资助、机构性资助和高校资助，其中项目资助的重点是跨学科研究，尤其是人文/社会科学与自然/工程科学的跨学科研究项目。例如，联邦教育与研究部 2007 年设立的"人文科学与自然科学的相互作用"的重点研究项目，大学、一般科研机构、企业等均可申请该项目，前提条件是必须由来自人文科学和自然科学、数学、

---

① Linda Hantrais, *Pour une meilleure évaluation de la recherche publique en sciences humaines et sociales*, 2006, in http://lesrapports. ladocumentationfrançaise. fr/ BRP/06400563/0000. pdf，p. 248.

工程科学、信息科学等各学科领域的学者在跨学科组织形式下共同展开研究，并欢迎外国学者共同参与。①

除了联邦教育与研究部外，德国最重要的学术自治与科研经费资助机构德国研究联合会，其章程中所规定的核心任务就是对跨学科研究进行资助，如通过资助合作研究和跨学科活动来促进科研人员的合作；通过资助项目促进国内外学者的联系与交流，以实现德国科研工作的国际化。研究联合会的资助形式中还有一项是对特殊领域的资助，主要资助研究型大学内的跨学科、跨机构以及跨系的研究合作，在一所大学确定了研究重点的前提下，也可以与德国其他大学、校外研究机构、工业和经济界，以及国外高校、研究机构和研究人员进行合作。特殊研究领域中的研究计划通常耗资巨大，持续时间长。截至 2007 年 5 月，受资助的 276 个特殊研究领域［其中有 37 个属于（占 13.4％）人文社会科学领域］分布于 58 所大学。2005—2007 年德国研究联合会对特殊领域的资助总额为 13.576 亿欧元，占联合会全部资助金额的 23.4％。②

除了法国和德国，其他一些欧洲国家的资助机构也都在设立跨学科的研究计划或重点课题。例如，在芬兰，国家研究理事会为跨学科的研究课题提供 3—5 年的资助。而芬兰科学院在其一般研究资助中，提供给跨学科项目的占到 42％ 左右

---

① 参见 Wechselwirkungen zwischen Natur-und Geisteswissenschaften，in http：//www. bmbf. de/foerderungen/7774. php。

② Bundesministerium für Bildung und Forschung：*Bundesbericht Forschung und Innovation* 2010，in http：//www. bmbf. de/pub/bufi _ 2010. pdf，2010.

（根据 1997 年、2000 年和 2004 年的样本）。[①] 在瑞典和挪威，较长期的大型跨学科研究课题也已在进行中。[②]

在美国，对跨学科课题和计划的资助已经有了多种多样的做法与各种类型的实践。例如，在美国国家科学院的调查中，有一半以上的大学或研究机构表示，它们为机构内的跨学科工作提供风险资本（venture capital），数量从 1000 美元到 100 万美元不等，但以 1 万—5 万美元的为最多，资助时间各不相同，多数在 1—2 年。

美国南加利福尼亚大学在 20 世纪 90 年代（1994）即制订了新的战略计划，呼吁将本科生研究计划的重点放在跨学科研究，跨学科研究由此获得了更多重视。该校负责研究的副教务长在校内的主要职责是推进跨学科研究。当时有这样几个机制来鼓励跨学科研究：①研究和激励资助：专门提供给校内的同行评议的计划，其项目需由来自大学内两个以上学院的两名以上教师所提出。②教师奖学金：为教师的跨学科研究计划提供最高 5 万美元的资助，并免除其教学任务。这类计划需由大学的其他教学人员进行评议。获得资助者每月都要做展示并提交进度报告，而副教务长会就如何排除跨学科研究的障碍征询他们的建议。③特别指南：大学在其晋升和评议标准中为跨学科学术研究和教学添加了明确的表述，而且在指南的首页说明

① Henrik Bruun，Janne Hukkinen，Katri Huutoniemi & Julie Thompson Klein，Promoting Interdisciplinary Research，The Case of the Academy of Finland，2005，p. 101，Publications of the Academy of Finland.

② 芬兰、瑞典和挪威的介绍引自 ［芬兰］ S. 凯斯基纳、H. 西利雅斯《研究结构和研究资助的学科界限变化——欧洲 8 国调查》，黄育馥摘译，《国外社会科学》2006 年第 2 期。

中，教务长对跨学科研究也给予了特别阐述。①

除了大学内部，美国的公立或私人的资助机构中都有将自身使命与跨学科活动联系起来的例证。例如，国家科学基金会就一直是支持跨学科研究的楷模。它设在大学中的科学和技术中心以及工程研究中心都与工业界建立有伙伴关系，是跨学科中心的典范。基金会的其他一些创新活动计划包括"数学科学：在边缘地带的创新"、环境的生物复杂性：环境系统中的综合研究与教育，以及更早一些的信息技术研究计划。②

与基金会类似，美国国立卫生研究院也在2003年建构了一个新的战略路线图。研究院发现，在某些情况下生物医学研究的传统分工妨碍了科学发现，因此决定开展创新活动，其目的就是开发整合学科和技能的新方式，以加速基础知识的发现并增进现有知识，跨学科研究是其中的重要创新活动。这一路线图的三个主题之一是"未来的研究团队"，目的在于建设一支多学科混合的研究团队，来有效地应对所研究的问题。针对这一主题，研究院通过为研究生和博士后学者提供培训基金、课程开发的奖金，为各级研究者提供短期强化课程以获得其他学科的正式培训等几种基金和资助机会，来推动其计划。③

美国联邦政府还在其资助的一些重大计划中明确地强调跨学科的概念，例如"大学研究创新"的多学科研究计划

---

① Committee on Facilitating Interdisciplinary Research, *Facilitating Interdisciplinary Research*, 2004, p. 103, in http: //www. nap. edu/catalog/11153. html.

② Ibid. .

③ Ibid. .

(Multidisciplinary Research Program of the University Research Initiative，MURI) 是美国国防部于 1983 年发起的资助计划，开始为"大学研究创新"计划，到 1996 年成为以多学科大学创新为核心，旨在支持那些研究兴趣在一个以上的传统科学和工程学学科的研究团队，在多个学科的交叉地带开展研究，这项计划每年划拨大约 1.5 亿美元，约占国防部基础研究计划拨款的 10%。

除此之外，综合教育研究创新 (Interagency Education Research Initiative，IERI) 计划①，美国国家航空航天局的天体生物计划 (astrobiology program)②，以及国家纳米技术计划 (National Nanotechnology Initiative)③ 等，都是通过大型或机构间合作计划对跨学科活动给予支持的范例。

上述这些新的资助方式的一个基本特点是在资助团体中所

---

① 这是国家科学基金会与美国教育部教育科学研究院等机构合作开展的一项研究计划。在这项计划中，基金会所资助的研究主要关注的是致力于提高学生科学、数学学习及学业成就的教育干预设计及其成效。该计划由科学、数学领域专家与教育研究者组成研究团队，并与学校、学区及师生通力合作完成。参见 *Facilitating Interdisciplinary Research*，p. 103。

② 航空航天局在 1998 年创建了天体生物学研究所 (NASA Astrobiology Institute，NAI)，最初遴选了 11 项研究计划，后发展到有 16 所机构参与。主导团队由航空航天局通过与阿姆斯研究中心 5 年的合作协议来给予支持，团队成员来自不同的学科，包括物理学、天文学、地质学和生物学，并且他们还来自不同的地区。研究所的主要目标是培养新一代的天体生物学家，为实现这一目标，研究所主办研究班、专题研讨会以及专业培训课程。参见 *Facilitating Interdisciplinary Research*，p. 103。

③ 美国政府把国家纳米计划 (NNI) 指定为多联邦机构参与研发的计划，旨在通过各机构间的经费、研发以及基础设施等方面的协调，使联邦政府对纳米的研发投入回报最大化。参见 *Facilitating Interdisciplinary Research*，p. 103。

具有的创新和承担风险的领导能力，所有这些典范都鼓励探索和超出现有学科边界的前沿研究，一些资助机构还开发了新的计划评议程序，确保在一个项目和计划中每一个学科的专业知识都得以表现。

对项目、课题计划给予资助是一方面，对人员和各种培训计划给予支持也是一个重要的方面，这些人员包括研究生、博士后学者以及教研人员。例如美国伯勒斯·惠康基金会 2002 年建立的资助计划（Burroughs Wellcome Fund Career Transition Awards），即为青年学者从事生物学和其他学科的交叉研究提供支持。这项资助通过在 5 年时间内提供 50 万美元，帮助学者从博士后向正式的教学和研究职位过渡。计划特别偏重跨学科的工作和培训。首先，资助的候选人被要求具有化学、物理学、数学、计算机科学、统计学或工程学的博士学位，并一定要计划从事有关生物科学方法的研究项目；其次，基金会希望资助获得者继续他们的跨学科培训，为他们参加生物学领域的会议和高级课程提供资助；最后，资助获得者被要求与其领域之外的知名研究者形成合作关系。①

## 五　促进跨学科研究：学术共同体的作用

在美国科学院以及其他国家相关科研机构的报告中，针对推进和管理跨学科活动还有围绕专业学会和协会等组织所提出的建议，它们也有可资借鉴之处。

---

　　① Committee on Facilitating Interdisciplinary Research, *Facilitating Interdisciplinary Research*, p. 126.

## 1. 赋予专业协会以促进跨学科性的使命

以美国为例，历史最为久远的专业协会如美国土木工程协会（The American Society of Civil Engineers，1852 年成立）、美国化学学会（American Chemical Society，1876 年成立）以及美国数学学会（American Mathematical Society，1888 年成立）等，都已经有了百年以上的历史。而在 20 世纪，专业协会的数量更是有了极大的增长，到 20 世纪 80 年代，美国国家级的协会和学会总数已经接近 400 个。[①] 多数的专业协会，或是学科的学会，其成立的目的就是支持这一学科的研究和发展，然而，近数十年来，这些学会也像其他的学术组织一样，被呼吁加强与其他新的研究领域的联系。除此之外，在第二次世界大战之后，还出现了一种新的学会形式，而其主要特征即是跨学科的。例如，1946 年成立的 IEEE 计算机学会（IEEE Computer Society）、1952 年成立的工业与应用数学学会（the Society of Industrial and Applied Mathematics）、1956 年成立的生物物理学学会（the Biophysics Society）、1968 年成立的生物医学工程学会（the Biomedical Engineering Society）以及 1973 年成立的材料研究学会（the Materials Research Society）。

专业学会的使命主要包括教育和信息两个方面，它们的影响主要来自这样一些功能，如出版专业刊物，发展专业才干，提高公众意识，以及给予奖励，等等。通过它们的工作，这些

---

① Committee on Facilitating Interdisciplinary Research，*Facilitating Interdisciplinary Research*，p. 138.

学会协助其专业领域设定标准，并通过奖励和其他形式的认可来推动研究质量的提升。

在推动跨学科活动方面，学会刊物的作用不容小觑。除了少数重要的刊物，如《科学》（*Science*）、《自然》（*Nature*）之类的，研究学者发表成果的有声望的出口一般都是由专业学会出版的单一学科的、具有较高影响力的刊物。虽然跨学科的刊物有所增加，但很少有在声望和影响方面能够与单一学科刊物比肩的，因此在这些刊物上发表成果的学生和教师就很难获得事业发展所需的认可。

而从另一个角度而言，跨学科的研究者通过在专业刊物上发表研究成果可能能够得到某种程度的承认，这些刊物与他们研究工作的某些部分具有相关性，但是，他们研究的真正整合的部分对于多数读者来说或许并不清晰，而且没有阅读这些刊物习惯的同行们也很难注意到。此外，研究者最为关注的是在任职评审（tenure review）期间能获得显示自己具有较高知识生产能力的证明，评审小组的成员则通常想了解研究者的成果发表在哪些刊物上，以及这些刊物对其他研究者有什么样的影响。从事跨学科项目的人也许会在一份跨学科的刊物上发表文章，但是这类刊物又往往是评审人员所不熟悉的。这就对从事跨学科研究的学者发表成果、得到承认和正确评价造成了诸多困难。

研究者要想推进自身事业的发展就必须得到公众承认，这时专业出版物的政策就会对他们有着非常大的影响，因此，专业学会重新修订出版政策可以减少这类障碍，为研究者提供更多的机会。在美国科学院开展的调查中，有 38.8％的人建议刊物编辑在稿件审议小组中吸收跨学科专家的意见,36.2%的人建议应突出新的创新和首创精神。

在刊物之外,学会在发起一些跨学科研究的项目上也发挥着积极的作用,特别是它们为一些跨学科的小组提供资助,这对于一些尚处于发展初期的新的学科或领域来说至关重要。此外,学会还能够筹措经费,通过更多方式来支持跨学科研究,例如:

(1) 为出色的跨学科计划和项目的学生和教师颁发奖金,这类奖项和其他的专业的承认对于跨学科研究者获得任职是非常重要的。

(2) 定向的助学金、基金或奖学金可以使学生将更多时间花费在其他学科的实验室中,还可以与来自各类机构的合作者共同工作。

(3) 适当地邀请跨学科的专家参与常务委员会的工作。

(4) 褒奖出色的跨学科活动的导师。

所有以上这些措施可以引起对跨学科活动的更多关注,并在研究机构和资助机构中提升跨学科活动的声望。①

对于学会和协会而言,除了出版物之外,它们还有一个重要的平台,即专业学会的地区性、全国性,甚至国际性的会议。通过将合适的人们集中在一起,这些会议和活动是可以培育出新的思想火花和各种各样的创新活动的。

会议的组织者有机会设计各种各样的战略来推动跨学科

---

① Committee on Facilitating Interdisciplinary Research, *Facilitating Interdisciplinary Research*, p. 142.

研究和教育。学会会议对于跨学科研究者来说是一个有效的聚集场所，他们可以和潜在的合作者、有意向的雇主以及可以寻求支持或资助的机构、大学接触和交流。这种会议一般包括很多正式和非正式的活动，跨学科研究者从中可以寻求研究机会和职位。资助机构的代表往往在此介绍和讨论它们的宏大机制，可以提供高额资助的重点领域和题目，方便研究生、博士后学者以及教师们就所要开展的项目做出计划，并建立伙伴关系。

除此，组织者还可以与其他学会联合主办跨学科主题的专题讨论会，这不仅有利于学科之间的交流，还有助于不同学科的研究者相互熟悉，相互了解各自的研究。

还有一些有助于推进交流和教育的创新活动可以尝试，如：为其他学会的成员提供打折的刊物订阅，在其他学会的主要会议上举办研讨会，在其他会议上提供短期课程，独立或与其他学会合作出版专刊，与其他协会颁发联合的奖项，等等。

最后，在制定评审标准、建立评价机制方面，学会和协会也可以发挥积极作用。例如它们可以提出参与跨学科研究和教育的学生和教师需要掌握的适合的技能和标准，可以宣传一些新的创建，还可以邀请成功的跨学科研究团队的成员在学会刊物或会议上发表或讨论他们的经验。

2. 创建新的刊物和制定新的编辑方针

可以说，创立新型的刊物，以发表两个或更多领域的交叉地带的研究成果对于发展跨学科研究是非常关键的，也是学会推动此类研究的一个方式。近年来，这类刊物不断出现，美国科学院的报告举了如下一些例子：得克萨斯大学出版社出版的

《考古天文学》（*Archaeoastronomy*）；Mary Ann Liebert 出版社的
《天体生物学》（*Astrobiology*）；荷兰 Kluwer Online[①] 的《生物
地球化学》（*Biogeochemistry*）、《计算地球科学》（*Computa-
tion Geosciences*）；美国民族音乐学会（Society of Ethnomusi-
cology）的《民族音乐学》（*Ethnomusicology*）；AK Peters 出
版社的《互联网数学》（*Internet Mathematics*）；美国神经科学学
会（Society for Neuroscience）的《神经科学杂志》（*Journal of
Neuroscience*）；美国神经心理药物学院（American College of
Neuropsychopharmacology）的《神经心理药物学》（*Neuropsy-
chopharmacology*）；美国地球物理协会（American Geophysical
Union）的《地球化学，地球物理学，地球系统学》（*Geochemis-
try，Geophysics，Geosystems*）；等等。

另外，新出现的生物经济学领域拥有创建于 1999 年的
《生物经济学杂志》（*Journal of Bioeconomics*），刊物鼓励采
用替代的方法开展研究，并鼓励经济学家和生物学家之间的
创造性对话，以及概念、理论、工具和数据库的双方向的转
移，这一刊物在精神实质上是跨学科的，并向各种各样的思
潮和方法论开放。除了创建新的刊物，很多机构的简讯和通
讯也可以用来进行学科之间的交流。

刊物的编辑作用非常关键，他们应该通过各种机制来积极
地鼓励跨学科研究成果的出版，例如编委会的成员资格，设置
跨学科研究专刊或栏目。此外，刊物编辑还可以为特别的跨学

---

① 荷兰 Kluwer Academic Publisher 是具有国际性声誉的学术出版商，备受
专家和学者的信赖和赞誉。Kluwer Online 是其出版的 700 余种期刊的网络版，专
门基于互联网提供 Kluwer 电子期刊的查询、阅览服务。

科研究方向设置专刊或栏目，以增加跨学科研究的曝光频率，并接受更多的介绍新的跨学科研究领域的研究论文；在编辑委员会和评议专家小组中吸收具有跨学科研究经验的研究人员，并为评审跨学科的投稿制定特别的标准；重新考虑出版物的著者和投稿指南是否适宜跨学科研究；通过出版各种相关的研究论文，促进学科间的知识分享。

# 第四节　跨学科教育与跨学科人才的培养

教育领域是跨学科活动的重要基地，在国外有关跨学科问题的研究中，跨学科研究和跨学科教学是两个并行的重要主题。克莱恩（Klein）认为，现代的跨学科概念是通过 4 种主要途径形成的，其中之一即研究和教育领域中有组织的计划的出现。① 面向跨学科的教育活动，主要体现出如下三方面的创新特点。

## 一　通过体制创新，促进跨学科研究

欧盟研究咨询委员会在其《研究的跨学科性》（Interdisciplinarity in Research）的政策咨询报告中，列举了多个在开展跨学科研究上所面对的挑战，其中之一是欧盟国家的"本科生

---

① 克莱恩认为现代的跨学科概念是通过 4 种主要途径形成的：（1）保留以及在许多情况下，重新灌输统一性（unity）和综合（synthesis）的历史理念的尝试；（2）研究和教育领域中有组织的计划的出现；（3）传统学科的扩展；（4）可识别的跨学科运动的出现。Julie Thompson Klein, *Interdisciplinarity: History, Theory, and Practice*, Wayne State University Press, 1990, pp. 22 - 23.

甚至研究生体系不能适应新的跨学科研究领域的需要，很难获得好的研究者"。针对这一需在教育和培训层面予以解决的问题，委员会提出了4点建议：①考虑与各成员国当局联合，在新兴的、跨学科的领域中，建立高水准的欧盟博士计划，将美国国家科学基金会的 IGERT[①] 计划作为模式；②考察近期以工业为基础的和与工业相关的博士培养的进展，将好的实践做法引进当时正在推进中的第六框架计划；③与各所大学协作，制订计划，鼓励各系为本科生提供在本专业之外选择的学分组合，并在最后一学年有机会参加多学科的项目团队；④与各所大学协作，鼓励大学单独或是以地区性网络的形式，创制研究生院的结构，一旦需要，可以更容易地跨越研究培训中的传统学科的划分。

委员会指出，系和学院构成目前大学的主要行政结构，绝大多数资助依据这种单元划拨和分配，这种结构对于青年研究者的研究专业和职业机会构成了最有力的导向，教授和讲师也依照学科进行聘用，而大楼或楼层则将知识进行了物理分割。因此，只有在这种结构中引入灵活性，才能推进跨学科研究的开展。

---

①　IGERT 计划即美国国家科学基金会 1997 年发起的"研究生综合教育和研究研习奖学金计划"（NSF Integrative Graduate Education and Research Traineeship Programme，IGERT Programme），重点是对多学科的博士计划提供支持，旨在形成一个新的教育培训模式，即创新、灵活并对正在出现的跨越学科边界的研究机会做出反应。该计划的优势主要有三点，即为不同的系集合到一起提供资助，而不必为非系内的工作动用自身的资源；为在新的领域培养高质量的博士提供长期的支持；为在新的领域内发展关键的、自我维系的规模提供充足的资源。参见 http：//www.nsf.gov/crssprgm/igert/intro.jsp。

美国科学院的调查显示，大学的政策决定着学生是否能够获得跨学科的视野，是否参与多个专业的学习，在不同的学院选修课程，以及参与跨学科研究。在接受调查者提出的建议中，占首位的几条包括：学生应该跨越学科的界限（25%），选修更多的课程（23.4%），但是仍然要在一个学科内打好基础（12.3%）。教师们还强烈建议教育者应将跨学科的概念结合在课程设计中，但是他们也指出，大学结构的障碍可能会妨碍教师参与跨学科所必需的团队教学和合作指导，而这在本科生教育中是基本的。

为了去除跨学科教育的结构屏障，有些大学采取了更为直接的做法，即成立跨学科的系来培养跨学科的学生。例如，在美国亚利桑那州立大学（Arizona State University）的生命科学学院（School of Life Sciences）共有80—85名教学人员，这些成员被组织在6个没有固定界线的学院中，这些下属的学院没有预算限额，而且每年教师都被允许在它们之间自由流动。这些教师中包括科学史学家、生物伦理学家和科学哲学家，人文和社会科学领域的教师也在其中占有固定的席位，这样确保了诸如"生物学与社会"和"生物学的人类向度"等"集中课程"（concentrations）和研究小组获得真正的跨学科的教育经历。亚利桑那州立大学的博士生还可以与来自其他系的同学共同完成其论文中的某一章，学校认为这种做法有助于克服参与合作的研究者的共同署名问题。通过来自不同系的导师的指导，从事跨学科研究的学生不仅在学识上受益匪浅，还与不同领域的研究者建立了直接的联系，这样的培训和指导对于学生未来的跨学科研究技能和经验的形成都至关重要。[1]

## 二　革新本科生课程体系

最早的跨学科教育计划源自于对学科结构占据主导地位、专业的持续激增、全才教育越来越困难的一种回应，希望通过一些公共课程，为学生提供更加宽泛的、非专业的教育，将这类"普通"（通识）教育作为对过度专业化的矫正。在这方面，美国一些早期的教学计划可以作为例证，如 1914 年在阿默斯特学院的"社会和经济制度"（Social and Economic Institutions）概论课程，战后在威斯康星大学为一、二年级学生设计的古代文明和现代文明的比较课程计划，以及哥伦比亚大学的"战争目的"和"和平目标"（"war-aims" and "peace-aims"）课程等。[2]

在 20 世纪中期以前，多数大学的课程设置是依据学科进行的，而为了从基础阶段即让学生拥有更宽泛的知识面，掌握多个学科的语言和文化，习惯于与其他学科的研究者合作，共同解决复杂的技术和现实问题，一些发达国家已经在高等教育阶段开展了各种课程计划的尝试。这些 20 世纪初开始出现的跨学科的本科教学计划，在最初的确处于一种试验阶段。在美国，本科生阶段的跨学科研究培训在 20 世纪 70 年代开始得到

---

[1]　Committee on Facilitating Interdisciplinary Research，*Facilitating Interdisciplinary Research*，p. 67.

[2]　"社会和经济制度"（Social and Economic Institutions）课程由 Alexander Meiklejohn 引入，威斯康星大学计划的设计者同为 Meiklejohn。参见 Klein，*Interdisciplinarity：History，Theory，and Practice*，p. 23。

重视，美国1978年成立了本科生科研理事会（Council on Undergraduate Research，CUR），宗旨是：推动和宣传"研究是本科生教育的重要组成部分"的思想，促进本科生科研和学术发展，鼓励本科生在教师的指导下开展创造性的活动。理事会支持本科生科研的全过程，从本科生科研的组织、筹措科研资金，直至提供交流的机会。至2004年，CUR已经拥有3000名成员，代表着分属8个学术部门的870多个研究机构，其中的很多研究是跨学科的。[①] 这种转变既是跨学科活动日益增长的表现，也体现着学生们对教育变革的需求。美国国家科学院等国家级学院设立的促进跨学科研究委员会（Committee on Facilitating Interdisciplinary Research）在其所做的有关科学界开展跨学科研究状况的调查中发现："跨学科课程，特别是那些与社会相关的课程，对于学生，尤其是本科生，有着巨大的吸引力。"

跨学科教育在美国已经蔚然成风。近年，多学科和跨学科研究学位在美国国家教育统计中心（National Center for Educational Statistics，NCES）列出的33个最受欢迎的本科专业中位列第13，从1992年到2002年，美国每年取得多学科和跨学科研究学士学位的学生，平均达到每年26000人。[②] 在一些大学，例如亚利桑那州立大学，跨学科研究计划已经取得了系或是独立学院的地位；跨学科研究计划的学生人数也不断增

---

① Committee on Facilitating Interdisciplinary Research，*Facilitating Interdisciplinary Research*，p. 97.

② Allen F. Repko，*Interdisciplinary Research：Process and Theory*，Sage，2008.

多,例如在得克萨斯大学阿灵顿分校,跨学科研究计划的入学人数在 2004 年秋季为 325 人,到 2008 年 1 月已经超过 600人;同一时期,亚利桑那州立大学跨学科计划的入学人数从 1800 名增加到 2300 名以上。[1] 此外,统计数据还显示,美国 2003—2004 学年部分主要学科群内,综合、交叉、新兴类学科学位授予数占本学科群学位授予总数的比例已相当高,其中农学、教育学、法学的比例分别达到 12%、15% 和 17%,生物学与生物医学学科群的比例高达 67%。[2]

在美国,一些高校的本科教育需要与研究经历相结合,以期使学生获得更多样的教育经验,这种设计对于跨学科计划的推广提供了更为有利的条件。例如美国布朗大学(Brown University)的学生对于跨学科计划就表现出了长时间的兴趣,该校根据学科、多个学科、某个主题或是非常宽泛的问题来设计课程集中计划(concentration program),[3] 这类跨系的课程集中计划在 21 世纪初的几年中大约占到标准计划的 1/3。学生如自己设计个人的集中计划,需要提交一份有关他们计划的主要目标的说明,以及由学生和指导老师共同拟定的特殊课程清单,以得到学院课程理事会(College Corriculum Council)的批准。在这种集中计划盛行的背景下,该校主修跨学科课程并得以毕业的学生人数在 21 世纪初的几年中始终保持在 40%

---

① Allen F. Repko, *Interdisciplinary Research*: *Process and Theory*, Sage, 2008, p. ix.

② 赵文华、程莹等:《美国促进交叉学科研究与人才培养的借鉴》,《中国高等教育》2007 年第 1 期。

③ 与"主修"(major)相对应,使用"集中"(concentration)一词意在淡化专业,学生在大学期间只不过把所选的课程稍作集中而已。

左右。另外，在哥伦比亚大学，主修跨系和跨学科计划的学生人数在 20 世纪 90 年代到 21 世纪初有了显著增长，根据 1993—2002 年的统计数字，主修跨学科专业和集中课程的学生人数年平均增长 9.7%，超过了主修跨系课程的学生增长人数（6.7%）和主修单一系科的学生人数增长（4.8%）。哈佛大学的学生对于跨学科的兴趣出现同样的增长，例如在 20 世纪 90 年代初，主修化学和物理学联合课程的本科生只有 14 名，而到 2004 年，这一数字上升到 45 名。在斯坦福大学，当地球科学（earth science）主要局限于地质学这一单一学科时，主修的学生人数经历了多年的下降，而当其被重建为跨学科计划——地球系统（earth system）后，这一状况得以扭转。

又例如纽约州立大学文理学院开设的跨学科研究专业（multidisciplinary studies major），专门针对那些对多个学科感兴趣的学生，专业不设置自身的课程，而是允许学生将 2—3 个不同的系或研究领域中的课程组织起来，形成他们自己的学习计划。例如，希望进入卫生专业的学生可以将生物学与心理学、英语或社会学结合起来。主修的学生要获得 45 个学分，且需在三个不同领域或系中各得 15 个学分。课程完成后学生即可以获得学士学位。但由于这种个人的跨学科研究专修计划非常具有多样性，对学生毕业后的职业道路很难做出一般性的说明，因此校方特别要求申请者要认真进行计划和咨询。①

与纽约州立大学相类似，美国上艾奥瓦大学（Upper Iowa University，UIU）也设有跨学科研究专业。该校对其专业设

————————————

① http：//naples. cc. sunysb. edu/CAS/ubdepts 2. nsf/pages/mtd.

置做出了这样的说明：跨学科研究专业的目的是整合一个以上学科的内容来考察某个主题、问题或经验，设计这样的专修计划是为学习者提供最大的灵活性，使他们能更好地设计他们自己的特殊计划。这一跨学科的方法使学习者将他们的各种学术兴趣集中在一个学位计划中，最大限度地满足他们的特殊兴趣并实现特别的教育目标。跨学科研究专业在范围上是灵活的，鼓励学习者探索业已确立的不同知识领域之间的新的关系，并积极参与他们个人的课程设置。该校的跨学科研究专业每学期需读满 36 个学分，从某一学科或研究领域获得的学分不得超过 15 个。[①]

面向跨学科教育的革新尝试的例子还有很多。例如，为推进本科生阶段的跨学科教育和研究，进入 21 世纪以来，美国哈弗福德学院（Haverford College）在课程方面进行了重大改革，该校计划在 5—10 年时间里取消化学、物理和生物学的普通课程，而是将这些学科整合在一起进行教学。具体做法是在第一学年教授化学和物理的综合课程，为更进一步的学科的工作提供基础，也为有机化学和分子生物学的综合课程打好基础。课程的前两年还强调数学和统计学。在第三和第四学年，一些课程开始以跨学科的方法进行教学。如化学、生物和物理系的大三学生需要上研究方法的指导课程，而不是传统的实验室课程。在大学四年级，学生开始进入研究，也就是说，研究被整合进课程。学生不仅仅学习物理学和化学的实验方法、有机化学和无机化学等，更重要的是掌握研究的方法。所有这些

---

① http：//www.uiu.edu/catalogs/eu/ug_degrees_interdisciplinary.html.

概念被整合为一个实验课程，并由材料科学、计算机生物学、
神经科学和生物物理学这些科系推而广之，学生可以获得所有
参与的系的教师的指导。这样一个计划将研究和跨学科工作与
各个科系的课程架构全面地结合到了一起。①

在法国，几乎所有相关的公共权力机构都认可跨学科研究
在高等教育部门的发展中所占据的中心地位。在其 2004 年的
讲话中，曾任法国科技部部长的克劳迪·艾涅尔（Claudie
Haignère）就曾强调多学科方法作为法国公共研究的驱动力
所具有的重要性。同样，2003 年，法国前教育部部长吕克·
费希（Luc Ferry）在讲话中也着重强调，学生应具有横向能
力（transversal competencies），这种能力正是需要通过跨学
科的培训计划才能打造。②

在法国高等教育领域，跨学科的教学计划相对集中于教
育部承认的 5 个研究领域中，即：教育研究，信息与通信科
学，认识论、科学与技术史，地区文化和语言，体育研究。
这些领域均提供从大学本科到博士研究生的课程。尽管这些
领域的教员有限，课程数量也有限，但仍然吸引了一定数量
的学生。截至 2004 年的统计，2000 年，教育研究领域有约
1.4 万名注册学生，而体育研究领域 2004 年的注册学生约有
4.77 万名。③

---

① Committee on Facilitating Interdisciplinary Research, *Facilitating Inter-disciplinary Research*, p. 97.

② Nicky Le Feuvre & Milka Metso, Disciplinary Barriers between the Social Sciences and Humanities, National Report on France, 2005, p. 49, in http://www.york.ac.uk/res/researchintegration/National _ Report _ France. pdf.

③ Ibid..

除了教育部承认的 5 个领域，其他诸如社会与经济管理
（AES）等学部也包含有跨学科教学内容，虽然这些学科在法
国全国大学委员会（CNU）的分类中并不属于跨学科类。社
会与经济管理学位课程组合了法律、经济、管理、社会学、政
治学等学科的教学单元。2004 年，法国全国约 5.4 万名学生
注册了大学的 AES 课程，其中 5.3 万名学生是本科生，800
名是研究生。[①]

除了本科生和研究生课程之外，法国的大学技术学院（IUT）
的专科教育通常也是采用多学科和跨学科的方法，因为这些专
业阶段既有大学教员的传统教学，也有大学之外的专业人士开
展的定向教学。当然，这些教学课程在大学中总是与某一门主
科相连，并附属某一个学科教学和研究单位。高级专业学习文
凭（DESS，法国高等教育第三阶段文凭）的课程也是如此，
它经常被归入某个学科，但其主题内容却经常涉及好几个学科
和研究领域。

随着"索邦/波隆那"进程[②]的推进和当前法国高等教育
改革的开展，法国大学能够自主开设新的教学模块和"学科"，

---

① Nicky Le Feuvre & Milka Metso，Disciplinary Barriers between the Social
Sciences and Humanities，National Report on France，2005，p. 49，in http：//
www. york. ac. uk/res/researchintegration/National _ Report _ France. pdf.

② "索邦宣言"（Sorbonne Declaration）是 1998 年法国、德国、意大利和英
国 4 国教育部部长在巴黎共同签署的宣言，强调建构一个欧盟国家统一的共同学
位整体架构，相互承认彼此间学位，以促进学生流动与就业能力的提升。此后，
欧盟 29 个国家的教育部部长在 1999 年 6 月 19 日共同签署波隆那宣言（Bologna），
期望能在 2010 年创建一个整合的"欧洲高等教育区域"（European Higher Educa-
tion Area，EHEA），通过学分转换制度和质量保障机制，促进欧洲各国大学间学
生的流动，确保欧洲在国际环境中保持知识、文化、社会和科技的优势。

而无须请求教育部正式开设一门新学科。这次改革引入的"弹性学习路径"正是顺应了跨学科的趋势，可为学生创造性地设立结合了数门学科的"学士"和"硕士"学位。①

在英国，20世纪80年代开始，文科的本科生教育中开始出现联合学位（joint honours degree）或组合学位（combined studies degree），联合学位允许学生学习两门学科的课程，一般各占60％和40％；组合学位最通常的结构是学习三门以上的学科，其与联合学位最大的区别在于，这类课程多由成人教育或继续教育的部门所提供。在更高一级的研究生教育中，跨学科的学习机会更是有极大的增加。尽管有学者指出，目前这类课程更多采用的是多学科并行的教学方法，而并非是整合各学科知识的教学，不过，为学生提供更宽泛的基础知识教育也可视为一种跨学科的努力。②

丹麦经济研究院（Danish Business Research Academy, DEA）的调查也显示，近年来，丹麦教育界对于跨学科教育的兴趣不断增长，在新设立的教育计划中有1/5包含有多个学科的要素，而相比较，在旧的教育计划中仅有1/10的比例，显示出高等教育中日益增强的跨学科方法的导向。根据商业研究院对截至2007年丹麦高等教育计划的分析，在其硕士学位计划和证书计划（certificate program）中，跨学科的项目分

---

① Nicky Le Feuvre & Milka Metso, Disciplinary Barriers between the Social Sciences and Humanities, National Report on France, 2005, p. 49.

② Gabriele Griffin et al. Disciplinary Barriers between the Social Sciences and Humanities, National Report on the UK, 2005, in http://www.york.ac.uk/res/researchintegration/National _ Report _ UK. pdf.

别占 16％和 20％，而如果将那些包括了相近的关联领域的教学课程也统计为跨学科的话，这一比例分别达到 33％和 35％。与英国相类似，在丹麦的继续教育和在职教育计划中，跨学科的学位计划要远高于在传统高等教育计划中的比例。为了确认跨学科教育具有发展的趋势，研究院特别对 2005—2007 年新设立的教育计划进行了分析，发现就总体而言，有 40％的计划具有跨学科的特点，而且其中的一半并非仅涉及周边临近学科，而是属于一种更激进的跨学科计划。①

### 三　设计新型的研究生和博士生培养方式，培养研究型跨学科人才

除了大学本科生的专业设置之外，不少国家在其研究生教育中也努力地培养跨学科的人才，主要表现为对研究生教育和培训计划进行改革，使学生对新的科学研究模式和新的科学就业模式有充分的准备，这些改革努力带来了“创新的、跨学科的和整合了多个专业的”（“innovative，interdisciplinary，and integrative”）研究生教育和培训方式（三 I 方式）的发展。例如美国国家科学基金会于 1997 年启动了“研究生教育与研究综合培训计划”（The Integrative Graduate Education and Research Traineeship ［IGERT］Program)，基于三 I 的精神，这项计划寻求：（1）为学生打好其本专业领域的基础，并让他们

---

① The Danish Business Research Academy，et al. Thinking Across Disciplines：Interdisciplinarity in Research and Education，2008，pp. 60 - 64，in http：//fuhu. dk/filer/DEA/Publikationer/08 _ aug _ thinking _ across _ disciplines. pdf.

接触多个科学和工程学的分支领域；（2）使学生掌握熟练的技能，并具有在团队中就复杂的观念进行交流和高效工作的能力；（3）使学生能够通过制定政策和提供资料等活动与公众的各种科学与技术关注形成互动。目前这项计划已经成为国家科学基金会的主打教育计划，主要为本科生和研究生提供教育和培训机会，同时还为大学和研究机构提供资助，以便它们为教师和学生提供培训支持。计划注重打破传统学科边界开展合作研究和任务所需的团队工作，由此提升学生成为未来科学和工程学研究领导者的能力，获得更多的事业成功的技能。该计划 2010 年共计为 16 项申请提供了资助，其中数额最多的一项是为东北大学（Northeastern University）的纳米医学科学与技术的博士计划（IGERT Nanomedicine Science and Technology）提供的资助，达 300 多万美元。[①] 而从 1998 年起，该计划已经为大约 5000 名研究生提供了资助。[②]

博士计划的质量应该是科学技术和人类知识发展的最好代表。仅 2002 年，美国 350 所大学就为大约 46000 名博士生授予了学位，可见这是一个庞大的知识人群。然而近些年来博士生培养也越来越多地因其过于狭窄地局限于某个学科的某个领域，过于强调学科的深度而牺牲知识广度而受到诟病，因而，将跨学科性引入博士培养的呼声也格外强烈。美国 2000 年一项教育领域的调查显示，大约 6000 名接受调查的博士毕业生给目前在读的博士生的最主要建议竟然是：追求一种跨学科的

---

① http：//www. nsf. gov/funding/pgm _ summ. jsp？ pims _ id＝12759.

② 参见 www. igert. org。

中心点以及知识的广泛性。而另一项针对 11 个不同学科的
4000 名博士生的调查（2001 年）则发现，其中有 60％的人寻
求跨学科的合作，并将此作为他们研究生教育的组成部分。[①]

　　但是，尽管对跨学科的博士培养的需求不断见诸各种文
献，将此类创新给予落实仍然具有相当难度。成功的跨学科
要求知识的重新组织，而这对于以学科为基础的大学结构是
一个挑战。此外，在制度结构与文化，招聘、任职和晋升政
策，有限的经费来源等方面都会对将跨学科结合进博士计划
造成困难。

　　对于博士后研究者，不管是学科的还是跨学科的，还需
面对的一个特殊挑战是他们需要发表足够数量的文章以及满
足其他的代表其生产能力的指标。对于跨学科研究者来说，
接受一个新的领域的培训可能使他们的生产能力相应降低，
比不上那些专注于一门学科的研究者，因此，他们在博士后
研究阶段结束后，可能要花更多的时间获得职位，这也需要
相应的制度辅助。当然，如果这些学者寻求非学术领域的职
业，他们的跨学科经验有可能会提升其就业的能力。

　　在高级跨学科人才的培养方面，美国国家科学基金会的博
士培养模式（IGERT）已经受到极大关注，并被欧盟研究咨
询理事会特别推荐，除此之外，还有一些创新的做法值得一
提。在美国科学院的跨学科报告中，"夏季研究机会"作为学
习一个新学科的语言和文化的重要方式被给予介绍，即利用

---

　　① Karri A. Holley，The Interdisciplinary Challenge in Doctoral Education，
in *The Magazine of the USC Rossier School of Education*，in http：//rossier. usc.
edu/academic/phd/the-interdisciplinary-challenge-in-doctoral-education. pdf.

夏季实习的机会，沉浸于一个新的学科的研究环境和研究氛围中，以此获得对其语言、文化和知识的了解和掌握。其中的例子之一是伍兹·霍尔海洋生物学实验室（Woods Hole Marine Biological Laboratory），该实验室提供的访问者计划为研究者（包括研究生、博士后学者和教授）提供三个月的研究机会，期间他们没有任何学术任务。在 2003 年，来自 18 个国家的 144 所研究机构的 139 名课题负责人和 201 名其他研究人员会聚在这里，从事海洋生物学、神经科学和生态系统的研究。① 这种有着良好的基础设施和非正式的、互动的科学团体的环境可以使研究者更快进入研究状态，并建立和保持长期的研究网络和合作关系。

　　根据调查结果和对学者们意见的分析，美国科学院报告针对研究生和博士生培养也提出了一些具体的建议。例如，报告指出，在研究生教育中，为促进研究生的跨学科思考的能力，大学可以提供：与本科生跨学科课程具有许多相同特点的计划，但在复杂性和深度方面要有所增强；在学科交叉层面的额外的令人兴奋的研究，包括与其他系的研究生共同工作和相互学习的机会以及多个指导教授，这些人可以为研究的问题带来不同的视角；附加的学术认证和资助，使从事跨学科研究的研究生可以预期与那些单一专业学生有同等的发展前景；跨学科研究生的实习，包括在寻找适宜的学术"基地"（home）上提供帮助，特别是当系没有能力或意愿容

---

① Committee on Facilitating Interdisciplinary Research，*Facilitating Interdisciplinary Research*，p. 65.

纳研究者从事跨学科工作时；利用多个指导教授或学科的仪器设备和技能开展实验。

在博士后学者方面，目前还不能取代在一门学科上的专长的培养，即使是跨学科团队的负责人也希望其成员至少是一个领域的专家，而不是"样样稀松"；同时，许多博士后学者也准备好受益于其他领域的专业知识的补充，而大学可以通过提供以下措施来丰富博士后的经验：（1）与其他学科的专家互动的机会，并学习一门新的学科的语言、文化和知识；（2）提供在另一领域获得学位的奖学金；（3）多个导师的悉心指导，并且需要进行年度审核；（4）获得更多的仪器设备的使用便利和掌握更多的分析技巧；（5）适宜的鉴定专家和导师，他们将支持在任职决定上将跨学科研究作为考虑的因素；（6）到国外开展研究的机会，等等。

在教学组织和教育计划方面的创新，还有许多国际经验可资借鉴。丹麦经济研究院 2008 年的跨学科报告列举了不同国家的 10 个跨学科教育计划和研究机构的个案，[①] 具体可见下表。

| 计划 | 涉及领域 | 机构 |
| --- | --- | --- |
| 技术管理的荣誉学位 | 数字高科技和管理，精英计划 | 德国慕尼黑大学和慕尼黑工业大学 |
| 工程学士 | 环境和可持续性，经济学/商务和工程学 | 德国柏林经济学院和柏林技术高等专业学院 |

---

① The Danish Business Research Academy, et al. Thinking Across Disciplines: Interdisciplinarity in Research and Education, pp. 79 - 97, in http://fuhu. dk/filer/DEA/Publikationer/08 _ aug _ thinking _ across _ disciplines. pdf.

续表

| 计划 | 涉及领域 | 机构 |
|---|---|---|
| 材料、经济学和管理，学士计划 | 材料技术与理论知识和管理实践相结合 | 英国牛津大学 |
| 生物学硕士，生物医学与社会 | 重点关注生物医学和生物技术对社会科学领域的影响 | 英国伦敦经济学院 |
| 制造业领袖计划，计划颁发 MBA 或理学硕士学位 | 经济学/商务与工程学，精英计划 | 美国麻省理工学院 |
| 信息技术研究中心（CITRIS） | 为改善人类状况与发展的信息技术 | 美国加州大学伯克利分校 |
| 人类—科学与技术进步研究所（H-STAR） | 通过开发更为偏重用户的技术来改善人与技术之间的互动 | 美国斯坦福大学 |
| 跨领域整合的创新设计计划（Stanford-d.school） | 跨学科设计思维 | 美国斯坦福大学设计研究所 |
| 媒体实验室 | 可以为人类和人类技术观开创更好未来的技术开发 | 美国麻省理工学院 |
| 媒体与图形跨学科中心（MAGIC） | 基于计算机的和计算机辅助媒体 | 加拿大不列颠哥伦比亚大学 |

　　报告对上述每个案例都做了具体的描述和分析，包括这些项目和机构的历史、培养和研究的方向和目标、运作模式以及实践效果等，上述案例普遍具有如下鲜明特点：首先，跨学科研究在规模相对小的中心内更易蓬勃发展，它们借助学院和系的力量，使单一学科和跨学科以一种富有成果的互动方式相得益彰；其次，这些中心还发挥了营销大学的作用，它们通常都

是大学与外界的一个结合点，在这类中心，研究面对的是更为现实的问题，研究部门和企业相互之间的沟通更便利；跨学科中心提供的是多种形式的教学，对学生极具吸引力，尤其是国际的跨学科研究和教育机构；这些跨学科教育计划都有着很高的入学要求，要求学生具有较高的素质，一般而言，这类教育都由具有国际知名度的大学提供；这类教育计划一般在若干机构之间合作提供，通常与其他知名的研究和教育机构有互动关系；这类教育通常依靠基于案例的方法、偏重问题的方面和偏重应用的学习方法。①

　　欧盟同样非常重视跨学科研究人员的教育和培训，欧盟研究咨询委员会（European Union Research Advisory Board）在其 2004 年的政策文献中分析认为，现有的所有证据都表明，今天的大学生在他们今后的工作历程中将会多次改变其职业生涯，因此委员会分别针对本科生、研究生、博士生等各级人才培养都提出了具体的建议，指出保持与其他学科的交流通道在研究者的整个学术生涯中都是非常重要的。

　　在具体案例方面，瑞典的跨学科研究生院就吸收了产业界的参与；丹麦也有为开阔博士生视野，提升就业能力的丹麦工业博士创新计划（Danish Industrial PhD Initiative）；② 美国也相继建立了一些科学和技术相结合的学院，研究生在这里所得到的是广泛的基于科学、技术和企业原理的培养；在瑞士日内瓦大学，

---

① The Danish Business Research Academy，et al. Thinking Across Disciplines：Interdisciplinarity in Research and Education，p. 80，in http：//fuhu. dk/filer/DEA/Publikationer/08 _ aug _ thinking _ across _ disciplines. pdf.

② http：//www. erhvervsphd. dk/visArtikel. asp? artikelID=510.

环境科学的研究生在第一学年用全部时间来学习有关环境系统的知识，掌握专门术语以及跨学科的理论和实验方法，直到第二年才开始启动相关的研究课题；而英国的经济和社会科学研究理事会也提出优先支持培养从事跨学科研究课题的学生。

研究人才的培养是一个持续的过程，对于刚刚进入研究领域的初级研究人员，一些国家的科研资助机构也积极地培养他们的跨学科研究理念，并为他们参与跨学科研究创造条件。如美国社会科学研究理事会（SSRC）在其颁布奖学金和资助计划的网页上就曾刊登了相关的说明，告知年轻的研究者，特别是那些其研究工作和理念将对社会和学术成就产生长期影响的初级研究者，有希望从理事会得到经费的支持。社会科学研究理事会的这些资助计划通常覆盖既有学科之间的领域，因为理事会认为这些是新观点和新知识层出不穷的地方。社会科学研究理事会还希望通过提供相应的支持，确保涉及某个重要的理论问题、某些地区以及某种严峻社会挑战的相关知识和专长得以形成和发展。这些计划推进知识生产的多样化，并确保向具有不同视角、背景和民族的学者开放。多年来SSRC已经资助了世界各国的一万多名研究者和初级学者，研究的课题从非洲青年与全球化到中东和北非的公共领域；从人类性行为到拉丁美洲的记忆；从信息技术的社会作用到国际移民的起因和影响，等等。SSRC的大多数资助计划都是针对社会科学的，但也有很多是面向人文科学、自然科学和相关专业领域的研究者和实际工作者。[1]

①  http：//fellowships. ssrc. org/.

　　培养创新的人才只是一个方面，另一个方面是培养出来的人才能否找到用武之地，可以说，目前具有跨学科能力的研究人员已经获得了他们施展才华的机会和场所，一些科研机构，特别是科研管理机构已经将跨学科意识和合作研究的能力作为聘用人员的基本条件之一。例如美国社会科学研究理事会曾在其招聘博士后研究人员的启事中这样描述过任职待遇和要求，包括：在理事会从事两年以上的研究、写作并协助组织以下一些领域中的课题：传媒政策与民主；社会对风险和灾害的反应；高等教育、科学和研究中的变革；涉及环境、移民和健康的经济发展。这些研究人员除了获得出版他们自己的研究成果的机会，还将合作组织研讨会和大会，出版研究理事会的研究成果或相关资料，改进理事会的网站和互联网通信，综合并报道现有的知识以及提出新的研究议程。最为关键的是候选人必须超越他们个人的研究专长，对社会科学和公共领域有强烈的兴趣，应该有社会科学某一领域或邻近领域的博士学位，具有研究能力，特别是跨学科合作的能力，并且是一个高效的写作者。①

　　尽管在人才培养方面已经付出了很多努力，但仍有不少需要思考和研究的问题。比如跨学科课程的设置究竟应如何把握课程的深度和广度，有些学者认为学科的"深度"是最为重要的，而那些来自与新兴技术相关的领域中的企业或研究机构则倾向于寻找知识面宽且学科知识深厚的雇员；此外，鉴于需要在不同的系科内参与学习，一名学生就可能有两个以上的指导教授，从而有可能指导他们用不同的方式来观察同一个问题，

---

① http：//www.ssrc.org/inside.employmer.t/researchfellows/.

并给出两种以上不同的解释，因此在跨学科专业中协调对学生的指导对于教学管理层而言是一个新的课题；最后，许多学者都提出，教育机构或研究单位应该为学生或研究人员提供额外的时间来学习其他学科的知识、语言、理论和技巧，特别是从事科学研究的学者，他们不仅需要额外的课程，尤其需要时间以便在不同学科的实验室中交替地参与研究实践，这些都对教育机构和决策者提出了问题，即对于跨学科人才的培养应该有较之常规更长的学习时间，以便达到相关的培养标准，而且对跨学科的硕士和博士生的资助年限也应适当延长。

# 第五章　跨学科研究的典型领域及其论题

## 第一节　和平研究

### 一　内涵

和平研究是一门跨学科研究领域，主要涉及政治学、社会学、历史学、人类学、神学、心理学、哲学等，其目标在于：理解武装冲突的成因；发现可以用以解决战争、屠杀、恐怖主义和人权侵害问题的方式；建设和平和正义的制度与社会。[①]对于非暴力政策、和平抵抗、民主以及解放的兴趣则存在于社会的各个部门。这些兴趣指向了一种"结构性暴力"的综合概念——它使得和平不仅仅是关于消除战争，也是关于使社会摆脱其他阻碍人类基本愿望实现的障碍。[②]由此，和平被划分为消极和平和积极和平，它们之间存在着重要的区别。[③]在和平

---

[①]　http：//kroc. nd. edu/aboutus/peacestudies.

[②]　Peter Wallensteen，The Growing Peace Research Agenda，Kroc Institute Occasional Paper ♯ 21：OP：4，December 2001，p. 8，http：//www. janeliunas. lt/.../Wallensteen％20（2001）％20—％20Growing％20peace％20research％20agenda. pdf.

[③]　［美］大卫·巴拉什、查尔斯·韦伯：《积极和平——和平与冲突研究》，刘成等译，南京出版社 2007 年版，第 6 页。

研究中，"和平"并不仅仅被定义为没有战争（消极和平），还是公正且可持续的和平的条件的存在，包括食物和干净的饮用水、妇女和儿童的教育机会、受到保护不被侵害以及其他不可侵犯的人权（积极和平）。① 和平研究学者亦非仅仅关注那些与战争的缺席相关的话题，而是有着更广阔的视野，② 包括种族灭绝（第二次世界大战之后）、核武器竞赛（冷战期间以及当下）、内战、宗教与种族暴力以及恐怖主义等。高校中的和平研究课程也覆盖了与和平、冲突、暴力、正义、不平等、社会变迁以及人权等相关的广泛议题。③

和平研究也是其他覆盖广泛的研究范畴内一个独立的领域，这些广泛的研究范畴包括战争与和平、国际关系、对外政策、社会学、经济学、法律、神学、技术等。许多和平研究的主题还同其他学科相关。不过，独立的或专门的和平研究机构的出现确保了该领域不会在学术背景或公众讨论中迷失方向。事实上，和平研究项目在组织上的独立性至关重要。④

和平研究被视为是跨学科和国际性的，其目的在于开发一套有助于更好地理解和减缓冲突的概念、技巧与数据。正如和平研究中所涵盖的议题多种多样，和平研究中所利用的研究方法也是如此。⑤ 例如，和平研究试图对来自经济学与政治科学——特别是博弈理论和数量经济学——的量化技巧加以利用。⑥ 早期

---

① http：//kroc. nd. edu/aboutus/peacestudies.
② Peter Wallensteen，December 2001，p. 8.
③ http：//kroc. nd. edu/aboutus/peacestudies.
④ Peter Wallensteen，December 2001，pp. 6 - 7.
⑤ Ibid. ，p. 13.
⑥ http：//pacs. einaudi. cornell. edu/student/minor. asp.

由索罗金（Sorokin）和赖特（Wright）所从事的对战争史的研究就包含量化的方法，如战争的数量、强度等。他们的研究旨在表明社会发展与战争爆发之间的内在关系。索罗金的兴趣点在于基本的文化要素，而赖特则关注中央权威的缺席——这种缺席削弱了国际法的有效性。在赖特看来，在真实的生活与法律—政治制度的发展之间存在着不均衡。这一量化研究方法在之后的一系列研究项目中得到了深化，尤其是在"战争相关因素项目"（Correlates of War Project）中。该项目在寻找战争的量化指标方面成绩卓越，并且成为其他相关研究的重要的参考。因此，统计方法在和平研究中成了一个强有力的工具。[①]

和平研究将话题研究、高校级别的教学与实际应用结合为一体。虽然和平研究应该也能够保持其自主性和核心方向，但它也对历史变迁与地方环境十分敏感。社会变迁有时会挑战现有的和平研究范式并带来新的研究领域；而有时历史发展则强化了现存的研究议程。全球历史变迁（如世界大战、冷战、苏联解体、全球恐怖主义等）无疑会对和平研究造成影响，而和平研究也面临着科学研究方法论的变化。[②]

## 二　历史发展

作为一种有组织的研究活动的和平研究始于 20 世纪 50 年代中期。不过，和平研究的源头可以追溯至更早的时期。[③] 一

---

① Peter Wallensteen，December 2001，pp. 12 - 13.
② Ibid.，p. 3.
③ Ibid..

直以来，世界上最古老大学中的学者和学生就一直对和平议题抱有兴趣。在美国内战刚刚结束的时期，美国学生对于和平研究的兴趣首先在大学中以俱乐部的形式出现。19 世纪最后几年的瑞典也出现了类似的现象。学生们组织讨论小组对相关问题展开探讨，虽然那时还没有任何正式的和平研究课程。

第一次世界大战成为西方对于战争态度的转折点。在 1919 年的巴黎和会上，美国总统威尔逊提出了著名的"十四点和平原则"。这些旨在确保一个和平未来的举措就是和平研究作为一个研究领域而出现的背景。① 在 20 世纪 20—30 年代，已经出现了可以被称之为和平研究的活动。而更早时候的和平运动也包含分析的层面。历史上的哲学家和政治科学家们一直都对战争与和平的问题有所关注。②

第二次世界大战之后，联合国的成立进一步促进了和平研究的发展。世界上很多高等院校开始设置与和平问题相关的课程。尽管像伊曼努尔·康德这样的思想家在很久以前就已经认识到和平的重要性，但直到 20 世纪 50—60 年代，和平研究才开始作为一门拥有自己的研究工具和特定概念的学科而出现，同时出现的还有如期刊和学术会议这样供学者们开展讨论的平台。③ 事实上，西方成立于 20 世纪 50 年代的首批和平研究机构是在对核武器发展的恐惧中诞生的。④ 对欧洲而言，冷战将

---

① John Maynard Keynes, *The Economic Consequences of the Peace*, London: Macmillan, 1920.

② Peter Wallensteen, December 2001, p. 3.

③ http://kroc. nd. edu/aboutus/peacestudies.

④ Peter Wallensteen, December 2001, p. 10.

欧洲大陆分裂开来，这使得人们十分惧怕欧洲成为一场新的世界大战的战场；而在后冷战时期，欧洲则面临着新的对于和平前景的担忧。对于和平的全球的和区域性的关注可能构成了当代和平研究的主要内容。①

与积极和平相关的议程于 20 世纪 60 年代在欧洲学术背景下得到了广泛讨论。1963 年，区域科学之父沃尔特·艾萨德（Walter Isard）以建立和平研究协会为目的，召集了一批学者，这些学者中包括肯尼思·博尔丁（Kenneth Boulding）和阿纳托·拉帕波特（Anatol Rapoport）。1964 年，国际和平研究协会（International Peace Research Association）成立。协会每半年召开一次学术会议，在会议上提交的以及协会出版的研究成果主要集中于制度的和历史的进路，而对于定量方法则很少使用。② 1973 年，和平科学协会（Peace Science Society）成立。随着几个和平研究机构的建立，和平研究的基础在欧洲得以形成。除了上述研究机构，奥斯陆和平研究所（Peace Research Institute of Oslo）、瑞典乌普萨拉大学的和平与冲突研究系以及斯德哥尔摩国际和平研究所（Stockholm International Peace Research Institute）也是历史最为悠久和最著名的和平研究机构。③

越南战争以及与苏联之间核冲突的威胁对美国的和平研究有着独特的影响。④ 1948 年，美国首个和平研究本科课程出现

①　Peter Wallensteen，December 2001，p. 10.
②　http：//soc. kuleuven. be/web/home/5/16/nl/ipra/about/history. html.
③　http：//kroc. nd. edu/aboutus/peacestudies.
④　Peter Wallensteen，December 2001，p. 10.

在印第安纳州的曼彻斯特学院。不过，直到 20 世纪 60 年代晚期，关注越南战争的美国学生才促使更多的美国高校提供关于和平的课程。① 在美国，首批提供和平研究课程的是与历史和平教会（Historic Peace Churches）有关系的学院。越南战争之后以及 20 世纪 80 年代的核武器竞赛中，北美的和平研究项目数量有了大幅增长，这源于学生们对核战争前景的忧虑。② 冷战结束后，和平研究的重心被从国际冲突转向了与政治暴力、人类安全、民主化、人权、社会正义、福利、发展以及可持续的和平模式相关的复杂问题。联合国、欧洲安全与合作组织、欧盟、世界银行、国际危机组织和国际警戒组织等国际组织的发展对和平研究亦起到了促进作用。到 20 世纪 90 年代中期，美国和平研究的关注点已经从消极和平转向了积极和平。2001 年，和平与正义研究协会（Peace and Justice Studies Association, PJSA）成立，它是国际和平研究协会的北美分支，成员来自世界各国，但以美国和加拿大的研究人员为主。协会定期出版通讯《和平编年史》（*The Peace Chronicle*），并且每年都会召开相关的学术大会。协会的宗旨在于通过研究、教育与行动创造一个公正且和平的世界。③

## 三 现状与趋势

在人类社会最为暴力的 20 世纪，和平研究成为贯穿于其

---

① Holly Abrams, Peace studies pioneer dies at 77, *The Journal Gazette*, http: //www. journalgazette. net/article/20101104/LOCAL/311049973/1002/LOCAL.

② http: //kroc. nd. edu/aboutus/peacestudies.

③ http: //www. peacejusticestudies. org/about.

中的一种趋势。今天，从世界范围来看，在高校内外都有致力于和平研究的机构，其组织方式各不相同；在大学里有发展完善的和平研究的学士、硕士和博士课程。和平研究已经发展成为一个庞大的研究领域。和平研究活动主要见于社会科学领域，但人文科学和自然科学中也常常见到和平研究的身影。研究课题与社会发展的相关性是和平研究发展中的一个重要因素。和平研究与现时的政治状况息息相关。同时，和平研究也要具备一定的独立性、更广泛的视野以及对方法论、分析、评论与批判的关注。[①] 今天，人们意识到对于国际和平与安全制度进行学术研究的新的需要。尽管联合国在此类研究中已经成为一个重要的行动者，但国际组织在这方面的研究却仍十分有限，尤其是在美国以及国际法领域之外。目前是由联合国系统学术理事会（Academic Council on the UN System）在指导关于国际和平制度的经验研究与理论研究。而对于北约或其他西方组织在国际冲突管理中的表现的批判性分析尚显不足。在和平研究中，对政府情报机构以及跨国组织的运行的分析也没有处在优先的位置。在过去的几十年中，互联网、空间技术、移动电话系统以及其他技术进步的出现已经产生出了新的权力与影响力的领域，进而为和平研究提供了新的议题。[②]

从世界范围来看，不同的国家和地区对于和平研究的关注点也各不相同。例如，日本作为唯一遭受过核武器攻击的国家，这段经历无疑对其和平研究造成了不可磨灭的影响。而甘

①　Peter Wallensteen，December 2001，p. 4.
②　Ibid.，p. 10.

地也影响到印度的和平研究议程。非洲的和平研究则自然而然地受到了反对种族隔离、殖民主义、新殖民主义和贫困的斗争的影响。在拉丁美洲，和平研究在很大程度上与美国的霸权相关。对于中东的相关学者而言，战争的危险以及对和平的希望则无可否认地与阿以冲突以及石油资源问题相联系。[1]

目前，世界上的和平研究机构主要集中在北欧、西欧、北美、日本、韩国和印度。不过，在为冲突所苦的地区也有和平研究项目，如中东、[2] 南非和东南亚。和平研究机构在世界上的如此分布反映出了研究资源分布的不均。一般来看，和平研究发展得较好的地方往往是社会科学较为强大且经济多元化的地区。而在和平研究机构中工作的研究人员并不一定是从机构所在国招募的。此外，许多实力较强的研究机构会为经济较弱地区的和平研究项目提供支持。在很多层面，国际主义和全球主义的思想弥漫在和平研究之中。高校的研究环境对于加强研究机构对和平前景的关注度方面更胜一筹，其教学项目对于这一点有着关键性的意义。获得和平研究学位的学生与来自传统学科的学生相比，往往在其学习过程中能掌握更广泛的调查工具，从而在他们获得要职的时候对这些工具加以利用。[3] 这种专业性可以改进和平促进者提出和平议题优先项目的方式，进而最终为与和平促进相关的政策制定带来积极的影响。[4]

目前，似乎有三类和平研究项目正在形成之中。第一种和

---

[1]　Peter Wallensteen，December 2001，p. 9.

[2]　Ibid.，p. 18.

[3]　Ibid.，p. 19.

[4]　Ibid.，p. 20.

平研究项目强调研究能力的开发，在这种项目下可以产生出领导和平研究项目小组的研究人员以及高水平的研讨会。这些研讨会是促进研究迅速发展的学术发动机。这种项目下培养的学生将成为有能力为政策制定者提供重要数据和背景分析的研究人员或专家。[①] 第二种和平研究项目则聚焦于冲突解决培训。这种项目以基础研究为指导，但也涉及提供在冲突性情景下可供利用的技巧。研究人员、教师和学生都可以获得在特定的冲突中作为调解人、推动者或其他第三方代表的经验。此类技巧越来越多地在解决国际以及组织间的冲突方面发挥更为巨大的影响。第三种和平研究项目以非暴力研究与非暴力运动为基础，强调正义、人权、公平交易与可持续发展是和平议程不可或缺的部分。它要求对特定问题的洞察力以及对非暴力技巧的理解。[②]

和平研究学者的成果能够对当下需要关注的议题产生影响，并且帮助人们注意到之前没有被关注的层面。一个愈发明显的事实是，在开放的社会中，公众对于与和平相关的公开讨论对重要决策的形成至关重要，而和平研究学者已经广泛参与到公众对于一些重大议题——从国防到全球正义、从地方军事基地关闭到国际贸易问题——的讨论当中。和平研究所体现出来的创造力以及对新观点的开放性也对社会有所裨益。从学术的标准来看，和平研究者的贡献可谓是独特和日益重要的。[③]此外，和平研究的伦理问题一直颇受关注，尤其是在关于行动

---

① Peter Wallensteen，December 2001，p. 21.

② Ibid. , p. 22.

③ Ibid. , p. 24.

选择的研究以及参与公共讨论方面。这使得从研究结果中得出实践性的解决方案成为必要。这也是和平研究传统的一部分。它还要求对如下事实有深刻而清醒的认识，即研究人员正在进入一个新奇的行动与探讨的空间。研究人员的专业性体现在他们从事研究与培训的能力上，而并非体现在其形成政策或对战略观点进行讨论的能力上。从历史上看，研究伦理的问题对开始关于军备和裁军问题的研究至关重要。①

现在，和平研究已经成了一种全球性的活动，相关的研究机构、大学院系、群体和网络遍布全球。② 今天的和平研究已经是一门健全的社会科学学科，拥有很多学术期刊、学院与大学的科系、研究机构、学术会议以及外界对于和平研究作为一种方法的有效性的承认。③ 和平研究的重要性已经得到了来自社会科学诸多学科的学者以及世界上许多有影响力的政策制定者的一致认同。从世界范围来看，有越来越多的教育机构和研究机构开展了和平研究的相关教学与研究。提供和平研究课程的高校数量难于统计，这主要是因为这些高校提供此类课程的科系各不相同，甚至课程名称也大相径庭。不过从总体上看，和平研究具备如下普遍特点。第一，多学科或跨学科。和平研究涉及政治学、国际关系、社会学、心理学、人类学和经济学等多个学科领域。批判理论在和平研究中也得到了广泛利用。第二，多层次。和平研究涉及内心的平和以及个体、邻里、族

① Peter Wallensteen，December 2001，p. 24.

② Ibid. ，p. 25.

③ Hugh Miall，Oliver Ramsbotham & Tom Woodhouse，*Contemporary Conflict Resolution*，Polity Press，2005.

群、婚姻、国家以及文明之间的和平。第三，既是分析性的，也是规范性的。作为一个规范性的学科，和平研究涉及价值判断，如"善"与"恶"。第四，既是理论性的，也是应用性的。[1] 需要注意的是，和平研究并没有忽视冲突的重要性。[2] 和平研究让人们可以探讨战争的原因及预防、审视暴力——包括社会压制、歧视与边缘化——的本质。和平研究有助于人们了解创造和平的战略，以便消除迫害和转变社会，获得一种更为公正和平等的国际社会。

# 第二节　发展研究

发展研究（development studies）是与解决发展中国家问题有关的社会科学领域的一个多学科的分支。它历来特别注重与经济和社会发展相关的问题，其研究视野因而也扩展至发展中世界以外的国家和地区。发展研究兴起于第二次世界大战之后的西方国家，综合使用经济学、政治学、社会学、历史学、人类学等多学科的研究方法，力图对战后的民族独立国家的发展问题提供理论分析和政策建议。在发展研究的理论进程中，其理论系统不断地丰富和充实，研究视野也逐渐扩展。发展研究还"对 15 世纪以来深刻影响人类历史的现代化进程进行一系列考察，从而使自身成为一门现实性和历史感都很强的边缘

---

[1]　Hugh Miall，Oliver Ramsbotham & Tom Woodhouse，*Contemporary Conflict Resolution*，Polity Press，2005.

[2]　［美］大卫·巴拉什、查尔斯·韦伯：《积极和平——和平与冲突研究》，刘成等译，南京出版社 2007 年版，第 6 页。

学科"①。

"发展"作为一个研究领域最早出现在 20 世纪 40—50 年代。第二次世界大战结束初期，对于非殖民地化后的第三世界经济前景的日益关注导致了发展经济学的出现。作为经济学的一个分支领域，发展经济学对发展中世界的经济问题展开研究。到了 20 世纪 60 年代，越来越多的发展经济学家意识到，仅仅依靠经济学自身无法完全解决诸如政治有效性、教育普及等发展中遇到的诸多问题，发展研究开始整合经济学和政治学等学科，从那时起，它成为一个不断扩展的跨学科和多学科的研究课题，几乎涉及社会科学的各个领域。②

## 一　发展理论的演变

到底什么是发展？黑格尔认为，由潜能发展为自由自在的过程就是发展，这是一种曲折向上的发展观。③ 随着工业革命和达尔文《物种起源》的发表，科学家开始赋予发展"进化"的含义，发展从"变化"这一含义转变为"向更高级、更完善状态变化前进的过程"④。马克思则强调人的自由和发展，主张消灭私有制，消灭剥削。在不同的时代和不同的理论观点中，发展的含义是不尽相同的。有学者将"发展"的含义变化

---

　　① 邹穗：《当代发展研究理论的演变》，《厦门大学学报》（哲学社会科学版）2002 年第 5 期。

　　② U. Kothari（ed.），*A Radical History of Development Studies*：*Individuals*，*Institutions and Ideologies*，Zed Books Ltd.，2005.

　　③ 《黑格尔发展观之批判》，http：//www.lw 23.com/paper_147091141/。

　　④ 李小云主编：《普通发展学》，社会科学文献出版社 2005 年版，第 11 页。

梳理为下表①。

| 时 期 | 理论视角 | 发展的含义 |
|---|---|---|
| 19 世纪 | 古典政治经济学 | 进取，赶超 |
| 19 世纪 50 年代 | 殖民经济理论 | 资源管理，托管 |
| 19 世纪 70 年代 | 后发展国家理论 | 工业化，赶超 |
| 20 世纪 40 年代 | 发展经济学 | 经济增长—工业化 |
| 20 世纪 50 年代 | 现代化理论 | 增长，政治和社会现代化 |
| 20 世纪 60 年代 | 依附理论 | 面向国家/个体的积累 |
| 20 世纪 70 年代 | 替代发展理论 | 人类繁荣 |
| 20 世纪 80 年代 | 人类发展理论 | 能力，人的选择的扩大 |
| | 新自由主义 | 经济增长—结构改革，放松管制，自由化，私有化 |
| 20 世纪 90 年代 | 后发展理论 | 威权式管理，灾难 |
| 2000 年 | 新千年发展目标 | 结构改革 |

尽管发展研究的学术背景可以追溯到工业化以前。不过学界普遍认为，现代意义上的发展理论起源于第二次世界大战结束之后，其发展历程大致可分为三个阶段，分别是 20世纪 50—60 年代、20 世纪 70—80 年代、20 世纪 90 年代—21 世纪初。

1. 20 世纪 50—60 年代：现代化理论和依附理论

第二次世界大战后，欧洲经济重建取得了巨大成功，西方国家将注意力集中到了面临严重贫困落后问题的亚非拉民族独立国家。1949 年美国总统杜鲁门的就职演说被视为现代发展

---

① Jan Nederveen Pieterse, *Development Theory* (second edition), SAGE, 2009, p. 7.

理论的开端。① 杜鲁门在演说中提出了美国全球战略的四点行动计划,并着重阐述了第四点,即对亚、非、拉美不发达地区实行经济技术援助,以达到在政治上控制这些地区的目的。这一计划又称"开发落后区域计划"。美国通过对不发达地区和国家的援助实现对外经济扩张和控制。

一个以援助和发展政策为核心的第三世界政策,成为现代化理论运动在美国兴起的基本动力和历史条件。现代化被视为摧毁陈旧的价值和制度的力量;工业化和城市化则被认为是通往现代化的必经之路。② 可以说,这一阶段的发展研究在某种程度上就是指立足于现代化的理论背景的发展经济学思想。

现代化研究者认为现代化概念具有以下特征:现代化是一个系统的过程,现代性包括社会行为的各个方面的变化,包括工业化、城市化、世俗化、集中化、结构分化、社会动员和社会参与等;而现代化是一个转化的过程,为了使社会变迁为现代型社会,社会的传统结构和价值必须完全由一套新的现代社会结构和价值来代替。③ 在西方某些人看来,第三世界国家完全可以无差别地遵循西欧国家和美国的自由民主道路以达到现代化的顶峰。现代化理论强调两个重点:一是发展中国家要通过扩大其生产能力来增加国家的财富;二是提升发展中社会各种角色的差异性和复杂性。从现代化理论方面论述第三世界发展的问题和可能前景的最有影响的著作之一是美国经济学家罗

---

① Development studies, http://en. wikipedia. org/wiki/Development _ studies.

② 叶敬忠:《发展的西方话语说》,《中国农业大学学报》(社会科学版) 2011 年第 2 期。

③ 李小云主编,2005 年,第 56 页。

斯托（Walt W. Rostow）的《经济成长的阶段》，其在现代化理论中占有重要的地位。[①] 罗斯托将一个国家的经济发展过程分为 5 个阶段：传统社会阶段、准备起飞阶段、起飞阶段、走向成熟阶段、大众消费阶段，后来他又增加了一个超越大众消费阶段。他的经济成长阶段论是在考察了世界经济发展的历史后提出的，强调了国际贸易对一国经济发展的重要性，对落后国家追赶先进国家具有重要的指导意义，所以是一种重要的现代化理论。[②] 不过这一理论也遭到了多个层面上的批评。例如，有学者指出，这一理论没有考虑发展中国家政治和经济的多样性；也没有强调社会内部或者社会之间，如发达国家和发展中国家间的各种联系；它在研究方法上也表现出对于文化因素的关注严重不足——特别是宗教和种族问题，而事实上发展中国家在发展过程中会表现出令人惊异的巨大的文化多样性。[③]

20 世纪 60 年代，依附理论作为对现代化理论关于发展和如何实现发展的理论假设的一种批判在拉丁美洲出现。其产生的背景是，拉丁美洲国家经过 50 年代短暂的经济发展后，随即陷入经济停滞、失业、通货膨胀、贸易滑坡，并引发社会和政治动荡。而现代化理论不能对这一现象做出合理的解释。依附理论认为，国际政治和经济体系的结构属性排除了罗斯托设想的从"传统"到"现代"发展的直线轨迹。[④] 其核心思想

---

① Jeffrey Haynes，2008，p. 21.

② http：//wiki. mbalib. com/wiki/%E7%BB%8F%E6%B5%8E%E6%88%90%E9%95%BF%E9%98%B6%E6%AE%B5%E8%AE%BA.

③ Jeffrey Haynes，*Development Studies*，Polity Press，2008，p. 21.

④ Ibid. ，p. 24.

是，从殖民时期开始，发展中国家对发达国家就在资金与技术
方面存在依赖，要根据发达国家的需要确定经济结构，发达国
家对发展中国家进行经济和政治控制，使发展中国家始终处于
受制约和从属的地位。在这种依赖与控制的格局下，发达国家
是欠发达国家发展的阻力与障碍，而不是现代化理论所宣扬的
是外在的动力。[1] 依附论的代表人物包括弗兰克（Andre Gun-
der Frank）、阿明（Samir Amin）、罗德尼（Walter Rodney）
等。弗兰克批评现代化理论忽视了欠发达产生的历史基础，贫
穷的产生不是由于传统为发展设置障碍，而是资本主义的全球
体系以及其所造成的发达国家和欠发达国家之间的依赖和剥削
的关系阻碍了非西方国家的发展，[2] 并使其一直停留在经济
"欠发达"状态。

沃勒斯坦把"依附论"进一步发展为"世界体系论"，把
弗兰克对拉丁美洲的个案研究扩大到对整个资本主义世界经济
体的宏观分析。该理论认为，存在一个由核心、半边缘和边缘
三个层次构成的世界体系，核心国家占主导地位，可以控制和
支配其他国家；边缘国家受核心国家的主导和支配；半边缘国
家既在某种程度上控制边缘国家，又在某种程度上受控于核心
国家。全球只存在一个世界体系，即资本主义世界经济体系，
任何国家都不能脱离世界体系而存在，但世界体系也可以发生
重组和重构。[3]

---

① 李小云主编，2005 年，第 66 页。
② Introduction to Development Theories, http：//www. dtalk. ie/attachments/
62d20592-356c-4a9d-8cb6-a8e49781eale. PDF.
③ 李小云主编，2005 年，第 78—80 页。

2. 20 世纪 70—80 年代：从基本需求到结构调整

20 世纪 70 年代以后，发展研究者开始对西方的发展思想进行反思，提出了一些非主流的发展观。虽然这些非主流的发展观没有能够成为主导世界发展的主流思想，但这种反思导致了发展研究从经济学领域向其他学科的扩展，从而出现了环境资源与发展、性别与发展、参与式发展、公民社会与发展等新的领域。[①]

70 年代开始，西方发展经济学学者逐渐认识到，发展的真正成果应该首先体现在社区层面，而不是从国际和国家层面开始。他们分析的焦点开始转向"基本需求"战略，强调统一发展的根本基础：提供充足的食物、安全的饮用水、住房、基本的卫生保健和基础教育等。[②] 基本需求战略的目标就是将那些能满足人类基本需求的物质资源提供给缺乏这些物质资源的社会集团。

当然，发展上的成功不仅体现在国内层面，也与国际因素紧密相关。发展中世界要想实现持续的、拥有广泛基础的发展，必须要协调其国内和国际政策。在 80 年代，各国国内和国际的意识形态和政治因素导致了对于发展战略的再思考。国家在发展中的作用问题成为研究的焦点。这涉及一个范式的转变，从 50—70 年代国家主导型发展变为 80—90 年代的新自由主义式发展。国家的作用被大幅度削弱了，私人资本在经济和发展中的作用日益显著。这一过程的背景是 70 年代国际油价

---

① 李小云主编，2005 年，第Ⅲ页。
② Jeffrey Haynes，2008，p. 28.

的暴涨和许多发展中国家国际债务的增加。在此背景之下，国际援助也蓬勃发展起来。世界银行和国际货币基金组织在多个发展中国家推行了一套以西方的市场经济原理为基本发展方向的"结构调整方案"（SAP），其目标包括：鼓励良好的财政和货币秩序；推进市场经济改革；鼓励国家间的自由贸易、资本的自由流动和经济合作。[①]

3. 20 世纪 90 年代—21 世纪初：从"华盛顿共识"到联合国千年发展目标

作为一种意识形态力量的新自由主义的鼎盛时期是在 1989—1991 年，冷战最终以东欧剧变和苏联解体而宣告结束。东欧社会主义集团的瓦解似乎证明了资本主义和自由民主的胜利。一个著名的新自由主义发展战略——"华盛顿共识"就产生在这一时期。[②]"华盛顿共识"的提出是为了给陷入债务危机的拉丁美洲国家提供改革方案和对策。其所提出的各项经济主张包括实行紧缩政策防止通货膨胀、削减公共福利开支、金融和贸易自由化、统一汇率、取消对外资自由流动的各种障碍以及国有企业私有化、取消政府对企业的管制等。这些政策得到了世界银行的支持。这些政策的思想承袭了亚当·斯密的自由竞争经济思想，与西方自由主义传统一脉相承。后人称这些观点为"新自由主义的政策宣言"[③]。一时间，"华盛顿共识"成了当时全球主流的发展理念，在拉美国家、俄罗斯和东欧转

---

① Jeffrey Haynes，2008，p. 32.

② Ibid. .

③ http：//zh. wikipedia. org/wiki/%E5%8D%8E%E7%9B%9B%E9%A1%BF%E5%85%B1%E8%AF%86.

轨国家被广泛实践。

但是矛盾的是，今天的高收入发达国家在取得令人惊异的经济和发展成就时，并没有追求这样的政策，正好相反，它们实施高关税、引进民主改革、学习别国的工业技术、不设独立的中央银行等。还有对"华盛顿共识"的批评指出，其过分的市场化的观点似乎忽略了一个事实，即只有政府，而不是私人资本家或企业家，才能够通过实施适当的政策和方案，以及构建适当的制度来改变当前的社会经济现实。[①] 过分夸大市场的作用并不能创造稳定的经济环境、最大化的效率和快速的经济增长。人们已经广泛认识到"华盛顿共识"的政策并非促进发展的灵丹妙药，因此开始期待发展思想的进一步转变。

从战后到 2000 年之前，近六十年的各种发展政策和项目、二十年的新自由主义经济政策，在减少发展中世界发展不平衡方面所取得的成绩乏善可陈。超过 10 亿人口——全世界总人口的六分之一——每日生活费用不足 1 美元。全世界三分之一的人口（20 亿）——大多数生活在发展中国家——没有安全的饮用水。数亿人，多为女性和穷人，缺乏适当的保健服务和受教育机会。在 21 世纪之初，全球发展图景展现出来的依然是不断上升的全球贫困和分配不均。[②] 在这种情况下，2000 年 9 月，联合国千年首脑会议上，联合国 189 个成员国签署了一项旨在将全球贫困水平在 2015 年之前降低一半（以1990 年的水平为标准）的行动计划，即《联合国千年宣言》。

---

① Jeffrey Haynes，2008，p. 33.

② Ibid.，p. 36.

该宣言所制订的目标即为联合国千年发展目标（MDGs），包括以下 8 项：消除极端贫困和饥饿；普及小学教育；促进性别平等和赋予女性权力；降低儿童死亡率；改善孕产妇健康；防治艾滋病、疟疾和其他疾病；确保环境的可持续性；促进全球发展合作。①

从联合国千年发展目标可以看出，当今的发展观念早已经超越了经济、社会、政治领域的发展和进步，而进展为一种以人为中心的、可持续的、综合的发展观念。发展是一项系统工程，系统内各个要素必须有序、协调地发展，才能保证发展的持续和稳定。在发展理论中，经济因素是诸要素中最重要的条件和物质基础，但是经济的决定性作用又是通过与其他各种要素的"交互作用"来实现的。②

今天，世界发展已经迈入了新的阶段，全球化的到来和深化使得世界各个地区、各个领域、各个层面都发生了深刻的变革。全球化之前发展研究"试图将经济、政治、文化各方面的发展途径结合起来，而连接着几个方面的关键在于国家作用的发挥"，在全球化背景之下，国家在各个领域的作用正在逐渐削弱，其他国际行为主体，如国际组织、跨国公司、个人资本等在国家和国际层面的作用则逐渐增强。原先"发展理论所依托的政治、经济、文化等方面的联系正在被切断，这就要求发展研究必须重新界定其研究对象"和研究路径。③

与此同时，全球性贫困、气候变化、资源短缺、能源安

① http：//www.un.org/millenniumgoals/.
② 李小云主编，2005 年，第 16 页。
③ 同上书，第 22—23 页。

全、冲突与战争的威胁、世界经济体系的不均衡发展等全球性问题也日益严峻。人类的发展面临更加严峻的挑战。在这种背景之下的发展研究也向着更为综合和更加以人为本的方向发展。

## 二  发展研究的跨学科性和实践性

有学者将发展研究定义为：一个以问题为导向的、应用性和跨学科性的研究领域，分析世界大环境下的社会变革，同时考虑不同社会在历史、生态和文化等方面的特殊性和差异性。在发展研究的进程中，关注社会和经济变化、经济快速增长带来的影响，文化障碍、贫穷和不平等、发展中国家和发达国家之间的关系。[①] 可见发展研究最显著的特点就是其跨学科性和实践性。

### 1. 跨学科性

经过之前对发展研究理论进程的分析，发展研究的跨学科性已是不言自明的。正是发展研究的研究对象（即发展问题）的复杂性，决定了发展研究的多学科和跨学科基础。其独特的组织空间的合法性的关键就在于，它能够以经济学、社会学、政治学、哲学和宗教研究等为基础，进行全面整合并拥有广阔的理论前景。[②]

发展研究在最初形成之时是以经济学思想为核心的，随后将社会和政治研究纳入自身的学术视野。随着发展研究的不断

---

① Madeline Berma and Junaenah Sulehan, Being Multi-Disciplinary in Development Studies: Why and How, *Akademika*, 64, 2004, pp. 43 – 63.

② Ibid..

深入、各种发展问题的不断涌现，以及全球化进程及全球性问题的凸显，发展研究已经成为一个跨越经济、政治、安全、社会、文化、哲学、宗教、传播等社会科学各个领域的、综合性的、多学科和跨学科的研究体系。特别是在全球化的时代，发展问题表现出越来越明显的复杂性和越来越少的本土化特性。例如，贫困、腐败、环境恶化、收入不平等、人口增长等发展问题，往往与其他问题，如政治、制度、治理、文化和宗教相连。例如贫困，不仅与缺少收入相关，而且与难以获得资源和技能、缺乏相应的政策以及对待财富的态度等相关。发展问题的复杂性使得任何一门学科都不能独自解释和有效解决它。[①]

目前发展研究所关注的领域具体包括区域研究、人口学、发展信息、发展理论、人类安全、女性研究、移民研究、生态学、教育学、社会政策、公共健康、工程学等。[②] 发展研究在综合多个学科思想的同时，也促进了其他学科的发展。围绕发展这一核心，在各个学科框架内分别形成了发展经济学、发展人类学、发展社会学、发展政治学、发展传播学和发展生态学等不同的学科领域。[③]

2. 实践性

发展研究自其产生之初就是与现实问题紧密相连的。无论是从研究对象、研究手段、研究成果等各方面来看，发展研究关注的始终是现实的发展政策、发展计划、发展项目的制定、实施和效用问题，最终的落脚点也是指导人类的发展实践。发

---

①　Madeline Berma and Junaenah Sulehan，2004，pp. 43 – 63.

②　http：//en. wikipedia. org/wiki/Development _ studies.

③　李小云主编，2005 年，第Ⅲ页。

展研究虽然涉及经济学、政治学、社会学等各个学科领域，但其核心只有一个，即发展。它的研究进路就是从问题出发，最后回到问题本身。

20世纪90年代以来，发展研究作为一个研究主题，在第三世界国家和一些具有殖民历史的国家（如英国等）中普及开来，并开展了广泛的研究与教学活动。[①] 除了一些专门的研究机构，一些大学可以授予专门的发展研究的硕士学位以外，也有个别高校设有这一领域的学士学位。

# 第三节　宗教研究

## 一　内涵

宗教研究是对宗教信仰、行为与制度进行研究的跨学科研究领域，旨在对宗教进行描述、比较和阐释，强调系统化、历史性和跨文化性的视角。它利用了多个学科及方法论，包括人类学、社会学、心理学、哲学等。[②]

在19世纪，学者们利用来自历史学、语言学、文学批评、心理学、人类学、社会学、经济学以及其他学科领域的方法与进路来探究宗教的历史、起源与功能。不过，关于宗教研究的最佳方式，学者们并未达成一致的意见。原因之一是，上述各个学科都有着各自与众不同的方法与主题，而对于如何解决不同学科视角之间不可避免的冲突，学者们无法

---

① Development studies, http：//en. wikipedia. org/wiki/Development _ studies.

② Religious studies, From Wikipedia, the free encyclopedia, http：//en. wikipedia. org/wiki/Religious _ studies.

达成统一。另一个原因是，关于宗教的起源与功能的问题常常被与宗教的真相问题相混淆，这导致了无休止的争论，并阻碍了宗教研究的一般概念、方法论与研究主题的发展。[①]

宗教是先于现代学科的兴起而出现的主题，并往往被视为与所有的思想与经验模式相联系。[②] 宗教与其他思想领域之间的关系并不仅局限于术语和概念。在 16 世纪的新教改革中，从对圣经的寓言化与符号化的阐释向更为字面化阐释的转变影响到了对自然的科学化的观点。学者们更多地将世界作为一系列相互联系的事件进行研究，而不是仅仅探讨这些事件所代表的意义。这一趋势使得科学与宗教之间形成了新的关系：学者们开始从事实的层面研究圣经故事，如大洪水。因此，宗教概念与方法渗入其他思想领域，使得宗教与其他学科之间的明确分界变得不合时宜。[③]

边界的融合并非仅是宗教研究的特征，它还成为宗教实践的特色之一。例如，宗教以各种各样的方式对艺术加以利用，而来自心理学研究和社会工作的成果被应用于宗教咨询之中。有宗教信仰的人也参与到对自然科学知识的利用与开发之中。宗教的信众依靠诸多知识体系来实践他们自己的信仰。这也是宗教研究具有跨学科性质的根源之一：宗教研究和宗教本身如

---

① Study of religion，ARTICLE from the Encyclopædia Britannica，http：// www. britannica. com/EBchecked/topic/497151/study-of-religion/38060/Specialize-d-studies.

② Sarah E. Fredericks，Religious studies，http：//csid. unt. edu/files/HOI％20 Chapters/Chapter＿11＿HOI. doc.

③ Ibid. .

此多元，因此这个学科也必定是如此。[①]

宗教的复杂性本身决定了宗教研究是一个跨学科、多学科的研究领域。[②] 通常，在一个学科之中，一组学者利用特定的理论体系来回答一系列问题，目的在于促进该学科知识体系的发展与共享。同一学科之内的学者往往拥有共同的术语、认识论和本体论假设，尽管这些共同的元素可能是该学科所隐含的、而非明确的部分。然而，学科并不是静态的实体，相互间也并非是泾渭分明。为了解释学科之间相互重叠的现象，杰弗里·斯夸尔（Geoffrey Squire）提出了关于学科的三维定义：第一个维度体现在某一学科的内容、论题与所解决的问题；第二个维度体现在该学科所使用的方法论、技巧与程序上；而第三个维度则体现在某一学科在何种程度上将其自身的本质作为省察性分析（reflexive analysis）的主题。[③] 根据斯夸尔的观点，某一学科的这些维度可以与其他学科的这些维度相互重叠。一个学科的一个维度中发生的变化可以引起该学科的其他维度或其他学科的这些维度的变化。学科之间并非是彼此隔绝的。[④]

## 二 历史发展

由于在很长历史时期之内欧洲国家、中东国家、印度和中国的主要文化传统各自独立发展，所以并不存在宗教研究的单

---

[①]　Sarah E. Fredericks, Religious studies, http：//csid. unt. edu/files/HOI％20 Chapters/Chapter _ 11 _ HOI. doc.

[②]　Ibid. .

[③]　Ibid. .

[④]　Ibid. .

一历史（single history）。最初的宗教研究出现在西方世界。总体而言，在远古和中世纪时期，各种各样的宗教研究进路是源自对特定信仰体系进行批评或辩护，以及根据知识的变化对宗教进行诠释的努力。这种情况某种程度上延续至现代。不过在现代，非判断性的、描述性的或解释性的宗教研究已经确立起来。[①]

将宗教作为整体进行研究的学术兴趣至少可以追溯至希腊历史学家赫卡塔埃乌斯（Hecataeus of Miletus）和希罗多德（Herodotus）。在之后的中世纪，伊斯兰学者对波斯宗教、犹太教、基督教和印度教进行了研究。第一部关于宗教历史的著述是穆斯林学者舍赫拉斯塔尼（Muhammad al-Shahrastani）1127 年发表的《宗教与哲学教派专论》（*Treatise on the Religious and Philosophical Sects*）。[②]

尽管对宗教进行研究的兴趣由来已久，但作为一个学术领域的宗教研究还相对年轻。19 世纪被认为是现代宗教研究形成的时期。[③] 在那时，对圣经的学术与历史分析繁荣发展，而印度教与佛教的文本首次被翻译成欧洲文字。在宗教研究成为一个学科之前，若干重要的学者已经从不同角度对宗教进行了

---

[①] Study of religion，ARTICLE from the Encyclopædia Britannica，http：//www. britannica. com/EBchecked/topic/497151/study-of-religion/38060/Specialized-studies.

[②] Religious studies，From Wikipedia，the free encyclopedia，http：//en. wikipedia. org/wiki/Religious _ studies.

[③] Study of religion，ARTICLE from the Encyclopædia Britannica，http：//www. britannica. com/EBchecked/topic/497151/study-of-religion/38060/Specialized-studies.

研究。著名的实用主义者威廉·詹姆士（William James，1842—1910）在 1902 年发表的《季富得讲座》（*Gifford lectures*）以及《宗教经验种种》（*The Varieties of Religious Experience*）从心理学—哲学的角度对宗教进行了探讨；而他的论文《信仰的意志》（*The Will to Believe*）则为信仰的合理性进行了辩护。[①] 黑格尔作为一名理想主义者，强调了精神对于人类历史形成的影响。法国社会哲学家奥古斯特·孔德（Auguste Comte）从实证主义和唯物主义的观点出发，提出了另一种由三个阶段组成的人类历史演进历程：神学阶段，超自然现象占据重要地位；形而上学阶段，解释性概念变得更为抽象；实证主义阶段，也就是经验主义阶段。英国哲学家赫伯特·斯宾塞（Herbert Spencer）则表述了一种不太一样的实证主义，宗教由于涉及未知的（或无法知晓的）最高实在（Absolute）而在科学身边占据了一席之地。[②]

　　进化论的观点在 19 世纪后半期得到了生物进化论的大力推进，并且对宗教与人类学的历史都产生了深远影响。同时，德国哲学家费尔巴哈（Ludwig Feuerbach）在其《宗教的本质》（*Lectures on the Essence of Religion*）一书中提出了这样一种观点，即宗教是人类愿望的投射。这种观点以各种方式被其他学者，如马克思、弗洛伊德等人接受并发展。在 19 世纪

---

　　① ［英］麦克斯·穆勒：《宗教学导论》，陈观胜等译，上海人民出版社 2010 年版，译序，第 2—3 页。

　　② Study of religion，ARTICLE from the Encyclopædia Britannica，http：//www.britannica.com/EBchecked/topic/497151/study-of-religion/38060/Specialized-studies.

伴随着上述发展的是科学史、考古学、人类学以及其他学科的发展。而社会科学的兴起则首次为世界范围内的文化提供了系统化的知识。[1] 多个学科在 19 世纪的发展，尤其是心理学和社会学的发展，激发了一种更为分析性的宗教研究进路，而同时神学变得更为复杂，并在某种意义上变得更为科学化，因为它受到了历史学和其他学科方法的影响，并转而开始对这些方法加以利用。[2] 心理学关注对宗教的体验与感受，以及表达这种体验的神话与符号；社会学与社会人类学则侧重研究宗教传统的风俗及其与信仰和价值观的关系；而文学等学科希望探寻神话的意义。此外，历史学、考古学和哲学等学科也从各自的学科视角出发对宗教的历史进行探究。[3] 尽管为现代宗教研究奠定了起点的 19 世纪的理论发展常常是直接基于与基督教和其他宗教信仰相竞争的形而上学主题，但与之前的时期相比，氛围已明显不同，对于宗教的历史与本质的更为复杂的研究已经蓄势待发。[4] 这些都促成了从科学角度对宗教的研究。

麦克斯·穆勒（Max Müller）是执教于牛津大学的首位比较宗教学教授，[5] 是得到学界公认的近代西方宗教学的奠基人。他在 1873 年的专著《宗教学导论》（*Introduction to the*

---

[1] Study of religion, ARTICLE from the Encyclopædia Britannica, http：//www. britannica. com/EBchecked/topic/497151/study-of-religion/38060/Specialize-d-studies.

[2] Ibid. .

[3] Ibid. .

[4] Ibid. .

[5] Religious studies, From Wikipedia, the free encyclopedia, http：//en. wikipedia. org/wiki/Religious _ studies.

**194**

*Science of Religion*）中指出，以真实科学的名义占领这一新的领地（即宗教研究）是宗教研究者的责任所在。《宗教学导论》被奉为宗教学的奠基性著作，它第一次提出了"宗教学"这个概念，说明宗教学作为一门科学应有的不同于宗教神学的性质，并提出了宗教学研究的基本方法。①

在《新教伦理与资本主义精神》（*The Protestant Ethic and the Spirit of Capitalism*）一书中，马克斯·韦伯（Max Weber）从经济学的角度对宗教进行了研究。作为社会学领域的知名学者，韦伯无疑对后来的宗教社会学者有着深远的影响。涂尔干（Émile Durkheim）也对后来的学者有着持续的影响。他在《自杀论》（*Suicide*）一书中对新教与天主教关于自杀的态度与教义进行了探讨。1912 年，涂尔干发表了他关于宗教的最富于纪念意义的著作《宗教生活的初级形式》（*Elementary Forms of the Religious Life*）。②

### 三　现状与趋势

尽管一般认为现代阶段的早期是学术被世俗化的时期，但在很多学科的研究中都可以看到宗教思想的影子。现代阶段早期的许多重大的学术进展都明确利用了神学上的主张。例如，牛顿在试图利用多种物力法则来解释重力未果后，最终认为上

---

① ［英］麦克斯·穆勒：《宗教学导论》，陈观胜等译，上海人民出版社 2010 年版，译序，第 2—3 页。
② Sarah E. Fredericks, Religious studies, http：//csid. unt. edu/files/HOI％20 Chapters/Chapter _ 11 _ HOI. doc.

帝才是所有一切的根源所在。①

在西方，对宗教的学术研究起源于基于信仰的实践。在人类历史相当长的时期内，研究宗教的人往往是宗教领袖。他们大多专注于研究自己的宗教信仰，以及这一信仰的来源与传统。然而，直到启蒙运动之前，一直都没有脱离对某宗教的信仰与实践的宗教研究。随着启蒙运动和笛卡尔哲学的兴起，一些西方学者试图找到宗教的"本质"，对本质理论的研究一直持续到 20 世纪。发展的、比较的以及现象学的进路随后兴起，成为本质理论有力的竞争者。不过，普遍的宗教理论还是以基督教作为其根基。事实上，宗教研究兴起的上述文化背景导致了学者们对基督教之外的其他宗教的忽视，这一偏颇给相关研究人员在研究和理解宗教多样性方面带来了困难。为了避免此种偏见，像萨姆·吉尔（Sam Gill）和唐纳德·维贝（Donald Wiebe）这样的学者主张宗教研究不应该要求、支持或评价宗教信仰与实践。②

维贝借助马克斯·缪勒（Max Müller）的观点描述了宗教研究的理想形态。维贝认为，缪勒提出的宗教研究的一般目标包括公正以及基于历史与比较分析的批判性学术方法。他还强调应该通过先在的事实（preexistent facts）——而不是像在哲学和神学中那样通过理念的创造性发展——来探寻真理。缪勒对于作为学科的宗教研究的影响最能被从事该领域研究的社会科学家所感知。例如，1974 年曾对美国科学研究宗教学会

① Sarah E. Fredericks, Religious studies, http：//csid. unt. edu/files/HOI% 20 Chapters/Chapter _ 11 _ HOI. doc.

② Ibid. .

（Society for the Scientific Study of Religion，SSSR）成立 25
年以来的发展进行过研究，结果表明，信仰宗教者与研究宗教
的社会科学家之间的对话以一种有利于社会科学宗教研究的方
式被淡化了。[①]

　　同样，萨姆·吉尔也看到了从事宗教研究的学者往往由
于其所研究的宗教不同而被分割开来，而且他们常常以略微
偏离了对宗教的学术研究的方式对他们所属于其中的传统进
行研究。吉尔提倡比较性的研究方法，认为应该对普遍的宗
教问题——如宗教如何反映出人性——进行研究。由此可
见，吉尔和维贝都认为，作为一门学科的宗教研究应该成为
一种合作性的努力，不要掺杂宗派主义；应该致力于揭示宗
教现象，而不是产生宗教观点。[②]

　　吉尔和维贝等人对于 20 世纪多数宗教研究的偏见性本质持
谨慎的态度。不过，维贝仍在"客观的""社会科学的"宗教研
究与出于宗教原因进行的宗教研究之间进行了过于鲜明的划分。
吉尔和维贝关于有必要对学科进行狭义定义的观点以及他们在
进行宗教研究时对于社会科学准则的过度依赖，导致了他们对
于该领域重大元素——如文学的、神学的、伦理的和哲学
的——的拒斥，以及对可能是源于社会科学研究进路的客观
的、建设性的进路的混淆的忽视。[③]

　　今天，宗教实践者们将源自艺术、心理学、语言学以及科

---

　　① 　Sarah E. Fredericks, Religious studies, http：//csid. unt. edu/files/HOI％20
Chapters/Chapter＿11＿HOI. doc.

　　② 　Ibid. .

　　③ 　Ibid. .

学的观点与方法应用于宗教活动之中，使得宗教的跨学科性展露无遗。因此，作为整体的宗教研究及其子学科都有着多学科和跨学科的性质。这种性质确实引起了关于宗教研究方法的争论。宗教研究者们正在客观性与福音主义的两极之间建立一条新的通道，以便鼓励客观描述与批判性反思，其目的在于使宗教研究成为一个开放的跨学科领域。①

在西方，存在着一种十分强大的神学传统，这种传统有时会抵制以历史学或现象学的方式对基督教本身进行研究的努力。因此，宗教历史学和宗教比较研究在实践中倾向于"对犹太教和基督教之外的其他宗教进行研究"。在一个世俗的和愈发多元化的社会中，教育和社会的压力已经增大，强化了宗教研究的多元化倾向。②

在宗教研究所涉及的各个学科中出现了一些趋势。人类学理论愈发关注宗教象征主义的内容，而在某种意义上，宗教社会学在对文化比较的强调中回归马克斯·韦伯的方法之上。东方学与非洲研究在第二次世界大战之后的重要发展使得这一任务变得更加容易。例如，美国的社会学家已经对日本的文化与宗教进行了某种程度的细致研究。对象征主义和神话学的兴趣同宗教哲学的发展并肩前行。③

在许多西方国家（主要是在欧洲），在多元的和多学科的

---

① Sarah E. Fredericks，Religious studies，http：//csid. unt. edu/files/HOI%20 Chapters/Chapter _ 11 _ HOI. doc.

② Study of religion，ARTICLE from the Encyclopædia Britannica，http：// www. britannica. com/EBchecked/topic/497151/study-of-religion/38060/Specialize-d-studies.

③ Ibid. .

基础上进行宗教研究已经越来越被视为中学教育中的重要元素。而这一点与该学科在大学中的流行共同保证了宗教研究在未来的发展。[①] 近几十年来，美国的宗教研究已经转向了对世界宗教的研究，而不再是仅仅研究基督教。基于信仰的宗教研究让位于批判性、建设性和比较性的进路，涉及来自多个学科、宗教与文化的方法。[②]

到了 20 世纪后半期，宗教研究已经成长为一个重要的学术领域。19 世纪对实证主义不断强化的怀疑以及对于非基督教的宗教和精神信仰日益浓厚的兴趣，再加上社会科学家和宗教研究者的研究成果，共同导致了宗教研究的兴起。到 20 世纪 60—70 年代，"宗教研究"一词变得更为普遍，对该领域的研究兴趣也增长起来。在这一时期还出现了一批与宗教研究相关的机构与学术刊物。在 20 世纪 80 年代，英国和美国都短暂出现了宗教研究相关系科的学生人数与拨款减少的情况。然而到了 80 年代晚期，宗教研究开始摆脱颓势重新发展，这是因为宗教研究被同其他学科相整合，形成了与更为实用的学科相结合的研究项目。[③]

宗教心理学是目前宗教研究的一个相对欠发展的领域，尽管对于神秘主义和其他形式的宗教体验的兴趣已经促进了相关

---

① Study of religion，ARTICLE from the Encyclopædia Britannica，http：// www. britannica. com/EBchecked/topic/497151/study-of-religion/38060/Specialize-d-studies.

② Sarah E. Fredericks，Religious studies，http：//csid. unt. edu/files/HOI％20 Chapters/Chapter ＿ 11 ＿ HOI. doc.

③ Religious studies，From Wikipedia，the free encyclopedia，http：//en. wikipedia. org/wiki/Religious ＿ studies.

数据的收集与诠释。一个尚待解决的难题是，在何种程度上文化条件对此类体验的实际内容产生影响。①

在马克思主义对宗教的阐释中可以清晰地看到哲学与社会学之间的联系。对于宗教体验的描述与类型学既属于宗教心理学的范畴，也属于宗教类型学的领域。而对象征主义本质的分析则需要各种各样的学科进路。在某种程度上，宗教研究的发展由于学科之间的壁垒而遭遇阻滞，这一事实已经为越来越多的人所认识。尤其是在美国，宗教研究被认为应该在大学的科系或研究项目中由历史学家、现象学家以及来自其他学科的学者合作进行。不过，也有人认为此种安排会带来一定的风险。②

宗教对于人类文化的影响可谓独一无二。人类的价值观、对作为个体的自身的理解、对社会的理解、关于自然的观点甚至是对于真理的定义，都是从最初源于宗教环境的概念中产生的。宗教研究是对于人类文化中宗教表述的探究。它探索人类关于神的观点，以及宗教概念在文字、仪式和信仰体系中的表述方式。它研究宗教的历史以及重要的宗教人物。它分析宗教对文化其他方面的影响以及文化对宗教的影响。作为一个学科领域，宗教研究并不囿于单一的传统或宗教；它将所有时期中所有文化的全部宗教涵盖在内；它是全

---

① Study of religion，ARTICLE from the Encyclopædia Britannica，http：// www. britannica. com/EBchecked/topic/497151/study-of-religion/38060/Specialized-studies.

② Ibid. .

球性、多文化的研究领域。①

# 第四节 老年学

老年学（gerontology）是一门从社会、心理、生理等不同角度全面研究老龄化（或衰老，aging）的综合性学科。老年学及其先驱老年医学（geriatrics）的词根都来自希腊文，而后者是医学的一个分支，专门研究老年疾病。② "老年学"一词是由俄国动物学家、诺贝尔奖获得者梅奇尼科夫于1903年在巴黎提出的。

目前，老年学已成为学术界和专业人士关注的焦点。随着预期寿命的增长和出生率的下降，人口的老龄化愈发严重。无论是在发达国家还是发展中国家，预期寿命的增加使得对老龄化的基础和应用研究领域的研究和教育的需求急剧增长。

老年学作为一门独立的学科出现在第二次世界大战结束之后，是伴随着一些专业学会和专业刊物的出现而形成的。尽管作为一门独立学科的老年学出现的时间并不长，从20世纪40年代至今不过短短几十年的时间，但是人类对于衰老的研究具有十分悠久的历史。

老年学的根基是衰老过程的生物研究以及人类发展心理学。生物学家长久以来就探索着有生命的有机体的衰老原因。关于衰

---

① http：//www.mun.ca/relstudies/about/.

② Nancy R. Hooyman and H. Asuman Kiyak, *Social Gerontology*：*A Multidisciplinary Perspective*. 中译本见 N.R. 霍曼等《社会老年学：多学科的视角》，周云等译，中国人口出版社2007年版。

老的第一版教科书《生与死的历史》是在 13 世纪由弗朗西斯·培根（Francis Bacon）所撰写的。他认为，如果一些健康措施得到落实，例如个人和公共卫生，预期寿命就可以得到增长。第一个解释衰老是一个发展而不是静止或退化过程的科学家是 19 世纪的比利时数学家、统计学家奎特莱特（Adolph Quetelet，1796—1874）。[1] 科学在 19 世纪的发展是伴随着这样一种认知的，即所有的自然现象都受到自然规律的支配，这些自然规律是可以通过科学调查发现的，从这个角度讲，衰老并不是什么超自然的现象，是可以解释和研究的。奎特莱特在 1835 年写道："人的出生、成长和死亡都是遵循一定规律的，而这一规律还没有被适当地调查研究，无论是作为一个整体，还是在某种相互反应的模式中。"按照年龄、性别、城市/乡村、民族的差异，奎特莱特分析了不同群体的死亡率数据，并发现人寿命的长短是由其所处环境决定的。[2] 奎特莱特采用了横向研究（收集不同人群在某一时点上的信息）而不是纵向研究（对一个个体进行一段时间的跟踪研究）来研究衰老问题。英国人类学家、遗传学家弗朗西斯·高尔顿（1822—1911）曾对 9337 名男性和女性进行了 17 个身体机能的测量，包括手部力量、听力、视力、运动速度、肺活量等，他通过数学方法发展了两个变量（如年龄和力量）关联程度的定量测量。[3] 此外，俄国生理学家巴甫洛夫也研究了老年动物和年轻动物在学习能力与反应能力上的不同，探讨造成这种差异的动物大脑的原因。[4]

---

① N. R. 霍曼等，2007 年。

② Gerontology，http：//www. answers. com/topic/gerontology.

③ Ibid. .

④ N. R. 霍曼等，2007 年。

　　总之，在 20 世纪 40 年代之前的早期的老龄问题研究基本局限于个体老化的生物学观点。20 世纪 40 年代以前，法国有老年病学与老年医学研究，东德有老年保健学，英国有老年人生理与精神疾病研究，美国有老年医学和老年生物学研究等。它们均偏重于研究个体衰老的生理原因与生物学机制。[①] 不过特别需要指出的是，1922 年，美国心理学家霍尔（G. Stanley Hall）出版了美国第一部关于衰老的社会—心理问题著作——《衰老，生命的后半部》（*Senescence, the last half of life*）。这部著作提供了一个研究认知过程和社会与个性功能变化的实验性框架，成为老年学的一个分支——社会老年学发展的一个里程碑。[②]

　　20 世纪 40 年代，老年学终于在研究群体老化的基础上逐渐形成为一门新兴的综合学科。促进老年学学科急剧发展的有以下一些因素。

　　（1）公共健康领域的变化。20 世纪之前，传染病是人类疾病致死的主要原因，疾病通常被视为一个由于外来生物入侵影响摧毁人体的结果。在 1900 年，五个主要的死亡原因是：肺炎和流感；肺结核；腹泻和肠道疾病；心脏疾病；中风和脑部病变。到 2000 年，前五大死亡原因变为：心脏疾病；癌症；中风和脑部病变；肺部疾病；意外。作为衰老过程的一种体现的退行性疾病开始取代传染病成为主要的死亡原因。对退行性疾病的研究逐渐引起生物医学界的重视。美

---

　　① 宋珮珮：《论国外老年学的学科体系》，载《国外医学社会医学分册》2011 年第 3 期。

　　② N. R. 霍曼等，2007 年。

国公共卫生服务部门在 1941 年举办了老龄化的心理健康方面的一个多学科会议。公共健康方面的影响使老龄化成为一个重要的研究课题。

（2）社会政策领域面临的严峻挑战。预期寿命增长和人口老龄化使老年人问题日益严峻。在 1900—2000 年，人类的预期寿命增长了 26.6 岁，其中 72% 是在 20 世纪的上半叶实现的。[①] 预期寿命的提高促使老年人口迅速增多，再加上出生率的降低，发达国家快速进入了老龄化社会。欧洲在这个时期成为老年人口比重较高的地区，65 岁及以上的老年人口大都接近或超过总人口的 7%（世界各国认定，一个国家或地区内，65 岁及以上人口占总人口的 7%，该国家或地区即为老年型国家或地区）。[②] 而在 19 世纪之前，老年人在人口中的比例很小，65 岁以上的老年人只有 3%—4%。[③] 人口结构的改变使老年人问题已逐渐从过去的家庭问题转变成为社会问题。政府面临人口老龄化日益严峻的挑战，如失业问题、贫困问题、劳动力结构老化，以及由于西方社会结构和家庭结构演变而引起的老年人赡养问题等，它促使欧洲及美国等一些资本主义国家不得不从社会政策层面上越来越重视社会老龄化带来的一系列后果，以寻求新的社会整合与平衡机制，客观

---

① 《诺贝尔经济学奖获得者、美国芝加哥大学经济学教授福格尔的演讲：预测 21 世纪的人口寿命》，http://www.chinapop.gov.cn/rklt/dcyj/200506/t20050606_132822.html。

② 宋珮珮，2011 年。

③ 邬沧萍、姜向群主编：《老年学概论》，中国人民大学出版社 2006 年版，第 17 页。

上促使老年学这门学科得以迅速发展。[1]

正式的老年学研究于 20 世纪 40 年代出现。老年学研究的先驱者詹姆斯·比伦（James Birren）等人开始将老年学纳入他们的研究视野，并意识到，许多领域的专家都在从事老龄化方面的研究，因此有必要建立一个专门的学术团体。美国老年学学会（Gerontological Society of America）就是在这种情形下于 1945 年成立的。[2] 1946 年，美国老年学学会开始出版《老年学杂志》[3]，为人们传播这一发展领域的新知识提供了第一个场所。

1950 年，国际老年学协会（International Association of Gerontology）在比利时成立，提出老年学的新构思，认为老年学研究不仅包括医学，而且还必须包括对社会保障等问题的研究。这次会议成为老年学研究从生物学和医学研究发展到结合社会经济等方面进行综合性研究的里程碑，推动了国际性老年科学的学术研究。[4]

1965 年，比伦被任命为第一个专门从事老龄化问题研究的学术研究中心——南加利福尼亚大学埃塞尔·佩西·安德鲁斯老年学研究中心（Ethel Percy Andrus Gerontology Center at the University of Southern California）的创建负责人。1967 年，美国南佛罗里达州大学和北得克萨斯州大学收到美国老龄管理局（U. S. Administration on Aging）的拨款，开设全国首

① 邬沧萍、姜向群主编，2006 年，第 17 页。

② About ASA，http：//www. asaging. org/about-asa.

③ 1988 年这一杂志分成了两部分，一部分是心理科学和社会科学，另一部分是生物科学和医学，这也反映出老年学的发展。

④ 董之鹰：《21 世纪的社会老年学学科走向》，《社会科学管理与评论》2004 年第 1 期。

批老年学硕士学位课程。1975 年，随着比伦出任南加州大学莱昂纳德·戴维斯老年学学院（Leonard Davis School of Gerontology）主任，该学院成为全美首个高校内设的老年学学院，并于随后首次授予了老年学博士学位。自那时起，其他一些大学也相继成立了专门从事老年学和老龄化研究的系和学院。美国的老年学教育在越来越多的高等院校蓬勃开展起来。[1]

在研究成果方面，老年学也经历了快速发展的时期。1950—1960 年发表的关于衰老的文献等于过去一百一十五年出版文献的总和。1954—1974 年关于衰老的生物医学和社会研究参考文献多达 5 万份。今天，不同学科创办的以老年学为主要内容的杂志使得这一领域研究文献数量呈指数发展。老年学日益成为多学科的领域；基础、临床、行为和社会科学不同领域的专家在一些研究项目中合作研究衰老的某一问题。[2]

老年学研究主要包括以下内容：研究人在衰老过程中生理、心理和社会的变化；研究衰老及其过程本身；研究正常的衰老以及衰老引起的疾病的表现；研究人口老龄化对社会的影响；应用此类知识影响政策和方案的制定与实施，包括宏观层面（如政府规划）和微观层面（如养老院的运行）。[3]

老年学本身具有的多学科和跨学科属性意味着它是由一定数量的分支领域并行和交叉结合起来构成的。国际老年学协会

---

① Vern Bengston, *Handbook of Theories of Aging*, Springher Publishing Company, 1999, p. 475.

② N. R. 霍曼等，2007 年。

③ Gerontology, http://en. wikipedia. org/wiki/Gerontology # History _ of _ gerontology.

和美国老年学学会将老年学划分为 4 大领域：生物学，医学，行为与社会科学以及社会研究、计划与实践。这几大领域广泛涉及了自然科学、人文社会科学和两者的交叉学科领域。

如果按照学科结构划分，老年学的学科主要分为自然科学和社会科学两大类，其中又有若干分支学科为自然科学和社会科学的交叉学科。它的主要分支学科包括：生物老年学（Biogerontology）、医学老年学（Medical Gerontology）、社会老年学（Social Gerontology）等。每个分支学科下面还有若干子学科。

生物老年学研究的是衰老的生物学过程，主要关于生物衰老的原因、影响和机制。保守的生物老年学家，如莱昂纳德·海弗利克（Leonard Hayflick）曾预测，人类平均寿命的峰值在 85 岁左右（女性 88 岁，男性 82 岁），不过现在的共识是这一数字仍将继续上升。生物老年学家通常都在研究型大学或实验室中工作，多数都拥有博士学位。①

医学老年学与生物老年学一样，研究衰老过程的原因和影响。它不只研究老年病，而且涉及人类衰老的基础理论研究以及老年医学教育的研究。许多科学家认为，生物老年学和医学老年学这两个领域是当前老龄化研究的最重要的前沿。

社会老年学属于较大型的分支学科（二级学科），从社会科学的角度来研究老龄化问题，包括老年社会学、老年经济学、老年人口学等。②

社会老年学正式作为老年学的一个分支学科是在 20 世纪

---

① 　Gerontology，http：//en. wikipedia. org/wiki/Gerontology ♯ History ＿ of ＿ gerontology.

② 　董之鹰，2004 年。

60 年代。美国学者克拉克·蒂比茨（Clark Tibbits）主编出版
了一部大型学术著作《社会老年学手册——从社会的角度研究
老龄化》。该书长达 710 页，内容丰富，编写者阵容强大，均
为专门从事老年学研究的著名学者，因此这本书堪称一部老年
学的百科全书。该书的出版标志着社会老年学的诞生，进而确
立了社会老年学在老年学学科体系中的地位。① 蒂比茨后来也
被称为"社会老年学之父"。

就社会老年学自身来说，它是一个涉及一系列社会科学领
域，包括人口学、经济学、历史学、心理学、社会政策和社会
学的新兴学科，并且与临床医学和生物医学等有紧密的联系。

社会老年学家基本上都在社会工作、护理学、心理学、社
会学、人口学、老年学或者其他社会科学学科领域拥有学位或
接受过培训。②

## 第五节　媒介研究

### 一　内涵

媒介研究是对各类媒体——尤其是大众媒体——的内容、
历史与影响进行研究的一个跨学科研究领域。概括而言，传播
媒介大致有两种含义：第一，它指信息传递的载体、渠道、中
介物、工具或技术手段；第二，它指从事信息的采集、加工制

---

① 董之鹰，2004 年；邬沧萍、姜向群主编，2006 年。
② Gerontology，http：//en. wikipedia. org/wiki/Gerontology ♯ History ＿ of ＿
gerontology.

作和传播的社会组织，即传媒机构。[①]

　　媒介研究受到了社会学和英语研究的深刻影响。媒介研究从社会学中吸收了对社会生产、社会消费以及它们与权力和意识形态之间关系的关注，还有相应的经验研究技巧。而英语研究为媒介研究提供了文本分析的技巧与方法。社会学家们最初并不关注媒介，认为与一般的社会问题相比——如犯罪、贫困、种族关系与家庭错位等，媒介研究缺乏严肃的研究主题。然而，当肥皂剧和恐怖片在 20 世纪 50—60 年代兴起之后，电视媒介开始在欧洲和美洲面临不友好的声音，特别是有来自教育心理学领域的学者警告，电视已经成为儿童培养和家庭关系的阻碍；而社会学家则开始将注意力投向对社会与媒介关系的研究，这促进了功能主义经验研究模式的发展。利用这一模式进行研究的学者们支持这样一种观点，即社会的发展是自发的和自我导向的，而非由媒介操纵和控制的。[②]

　　媒介研究中的社会学和文化研究内容使得该学科跨越了传统意义上的学科分界。因此，它获得了两个关键性的特色，即跨学科性和政治参与承诺。推动媒介研究向这个方向发展的两个主要因素是后结构主义和后现代主义。后结构主义与解构的影响力共同对意义与讯息的传统体系提出了挑战。后结构主义者质疑"将世界视为特有的、固定的和有形的实体"的理念，并且认为世界观是"变化中的动态过程"。他们认为没有任何

---

　　[①]　郭庆光：《传播学教程》，中国人民大学出版社 1999 年版，第 147 页。

　　[②]　Hem Raj Kafle, Media studies：Evolution and perspectives, in *Bodhi*：*An Interdisciplinary Journal*, Vol. 3, No. 1, 2009, p. 11, http：//www. nepjol. info/index. php/BOHDI/article/view/2808/2492.

一种哲学或意义是绝对的。在实践的层面来看，解构意味着需要通过一个文本所固有的相互冲突的代码与表述来寻找另类的意义。在应用于媒介研究中时，此种进路在经由媒介传播的信息中寻找多样与无限意义的可能性。更广泛而言，它令人们意识到，传播过程本身以及所传播的讯息都不是绝对的。相似的，后现代主义支持多样性、机遇和理念的游戏（play of ideas）。它将当下解释为信息时代，权力的统治并不一定是基于"空间政治"，而是基于"速度政治"。① 后现代主义推崇这样的理念，即当下是一个由"谁的信息传播速度最快"来决定认同的时代。它进一步承认了大众媒体通过消弭空间与时间边界来将人们结合为一体的作用。②

一个跨学科研究领域涉及至少三个关注点：第一，一个跨学科研究领域往往有着多个起源；第二，跨学科研究的折中性——其范围与延伸；第三，对跨学科研究有效性的普遍怀疑——即专业性与可用性问题。③ 媒介研究是一个宽广的领域，社会变革和媒体技术的发展在其中不断地发生。很难确定一个研究主题需要多长时间才能发展成为一门学科。不过，在这一发展的背后可以看到几个关键性的要素。首先，该主题必须在一定的时间段之内通过逻辑、经验和概念化产生出足够的理论传统。理论为进一步的研究与实践建立起实际的基础，从而引导该主题向系统化的学科方向迈进。换言之，理论的产生有助于储存过去的知识，并为进一步的研究奠定方向。对媒介

---

① Hem Raj Kafle，2009，p. 13.
② Ibid.，p. 14.
③ Ibid.，p. 10.

的研究就是对其技术和社会——文化意义的研究。其次，该研究主题应该被证明是科学化和人文化的，以便大学愿意将其正式接受为一个学科。在学科正式成立的过程中，学术机构①往往会关注其对于个体和社会的学术与专业价值。大体而言，媒介研究作为一个学科的出现是得益于政治科学家、心理学家和社会学家的共同努力，正是他们将媒介与传播研究带入到主流的大学课程之中。今天，媒介研究已经成为一个兼收并蓄的学科，与人文科学和社会科学领域有着更为密切的关系。②

　　从事媒介研究的学者所开发和利用的理论与方法来自多个学科，包括文化研究、修辞学、哲学、文学理论、心理学、政治科学、政治经济学、经济学、社会学、人类学、社会理论、艺术史与艺术批评、电影理论、女性主义理论以及信息理论等。而媒介研究的跨学科性质也令其覆盖了广泛的领域，主要的研究主题包括网络传播、电子媒介、新闻学、大众传播、媒体影响、创意产业、政治经济、文化研究、媒体生产、媒体心理学等。基本的媒介理论包括：媒体效果理论、议程设置、预设判准效应、框架、政治经济、话语分析、内容分析、超人际理论、表象理论、想象的共同体、公共空间、说服理论、控制理论等。③

　　媒介研究可以有广泛的主题，从基本的研究领域——如语言、文学、历史、地理、经济、政治科学、法律、伦理、心

---

①　Hem Raj Kafle，2009，p. 14.

②　Ibid. , p. 15.

③　Media studies From Wikipedia, the free encyclopedia, http: //en. wikipedia. org/wiki/Media _ studies.

理、哲学、社会学、人类学、人权、全球化、信息管理、企业家、公共政策、旅游与运动等，到核心的职业领域，如计算机技术、新媒体技术、印刷技术、电视研究、广播研究、新闻、摄影、广告和公共关系等。事实上，这一名单还在继续扩展。①对互联网和移动技术这样的新媒体的应用以及这些新媒体所产生的效果，使得媒介研究超越了文化研究本身，从理论上而言成了一个丰富的技术研究领域。②

　　媒介研究的范围比职业化新闻与传播研究更为广泛。新闻学在本质上是专注于媒介内容的生产与传播，而传播研究则是关注各式各样传播技术与过程。媒介研究的目的在于研究大众媒体的本质及其对于个人和社会的影响，并由此在人文和社会科学领域获得独特的身份。同时，它又包含更为专业化的领域，如媒体制作、大众传播与新闻学。从这个意义上来看，媒介研究可被视为是将新闻学与传播研究涵盖在内的一个更为广泛的学科。③

## 二　历史发展

　　媒介研究的起源可以被追溯至对媒介与文化之间关系的探询。当大众传播媒介——如广播和大规模发行的报纸与杂志——在20世纪20年代兴起之后，特别是30年代兴起了电视媒介，媒介研究的早期尝试就开始了。最初的媒介研究在很大程度上受到了欧洲中心主义痴迷于高级文化（high culture）的影

---

① Hem Raj Kafle，2009，p. 15.
② Ibid..
③ Ibid.，p. 16.

响。这一时期媒体的任务是表现所谓的高级文化，而忽略了在欧洲和欧洲殖民地之外的地区。英国的媒体霸权地位和像路透社和英国广播公司这样的媒体机构在世界范围内的扩张，透射出一个强大和富于影响力的媒体形象；在那个时期，媒体是国家或阶级的宣传工具，是现代高科技专业性的具体体现。① 同一时期，对于媒体的学术研究则相对滞后，丹尼斯·麦奎尔（Denis MacQuail）将其原因归结为缺乏稳定的学科基础。②

第一次世界大战之后，在公众中普遍出现了一种担忧，即越来越多的宣传削弱了公众独立思考的能力。在这一背景下，以美国为基地的宣传分析研究所（Institute for Propaganda Analysis，IPA）于 1937 年成立，成员包括社会科学家、舆论领袖、历史学家、教育家和新闻记者，其宗旨在于促进民众的理性思维，为公众对当下事件进行讨论提供指导。③ 宣传研究主要致力于对媒体效果的研究，强调媒体对于其受众的态度与行为的影响力。④

第二次世界大战以来，媒介研究的一个较为弱化的范式与保罗·F. 拉扎斯菲尔德（Paul F. Lazarsfeld）及其学派的理念、方法与成果相关——即媒体效果研究。他们的研究聚焦于媒体可测量的、短期的行为效果，并且认为媒体在影响公众舆论方面的效果有限。拉扎斯菲尔德的有限效果模式在媒介研究的发

---

① Hem Raj Kafle，2009，p. 10.
② Ibid.，p. 11.
③ http：//en. wikipedia. org/wiki/Institute _ for _ Propaganda _ Analysis.
④ http：//en. wikipedia. org/wiki/History _ of _ media _ studies.

展中发挥着极强的影响力。①

自 20 世纪 60 年代起，媒介开始在文本研究的视野内得到了更多的学术关注。文学研究的文本—语言模式，如形式主义、符号学和叙述学，影响了对媒介文本中所使用的语言符号和语言代码的性质与结构的研究。②

在这一模式下的学者对叙事的本质进行了界定，并研究文化符号在建构社会现实中的影响。同时，学者们也注意到了斯坦利·费希（Stanley Fish）所谓的文学与媒体文本"解释群体"的存在。这促成了接受研究与"受众民族志"的出现。此外，斯图尔特·霍尔（Stuart Hall）于 1974 年发表的关于传播的编码/解码模式的文章对于媒介研究中的"接受范式"有着基础性的意义。霍尔的模式是将传播视作一个过程，被编码的信息被受众接受并解码，以达到某种传播效果。霍尔关于编码和解码作为一个链条的观点意味着将信息的生产、内容和接收作为一个整体进行研究。③

自 20 世纪 70 年代以来，作为对之前重点关注媒介效果的回应，研究人员开始显示出对受众如何理解媒体文本的兴趣。"使用与满足"模式的出现就反映了对于"积极的受众"的持续增长的兴趣。④

文化研究在 20 世纪 70 年代早期的出现将在英语研究项目下的媒介研究带入学术研究的领域。1964 年，理查德·霍加

---

① http：//en. wikipedia. org/wiki/History _ of _ media _ studies.

② Hem Raj Kafle，2009，p. 11.

③ Ibid. ，p. 12.

④ http：//en. wikipedia. org/wiki/History _ of _ media _ studies.

特（Richard Hoggart）、斯图尔特·霍尔和雷蒙·威廉斯（Raymond Williams）在伯明翰大学建立了伯明翰当代文化研究中心，即后来的伯明翰学派，将文化研究引入文学话语，导致从文本解读到文化解读的转变。文化研究将媒体与文学研究整合起来，并将媒介研究推进为一个与社会学、人类学、后殖民性、性别、种族、民族等学科相互联系的跨学科领域。①

　　媒介研究在各个国家的发展可见于以下几个例证。在德国，有两个主要的媒介理论或媒介研究流派。第一个流派起源于 20 世纪 40 年代，这个流派的媒介研究相当于传播学研究，主要关注大众媒体、媒体制度以及媒体对社会与个人的影响。第二个流派源自 20 世纪 60 年代。在那时，媒介理论以人文科学和文化研究为基础，作为戏剧研究的一部分，同德语研究和文学研究一同发展起来。德国今天的媒介研究就是以此为基础发展和建立起来的。德国的媒介理论将哲学、精神分析学、历史学以及科学与对媒介本身的研究结合起来。②

　　美国媒介研究的源头在于芝加哥学派以及像约翰·杜威（John Dewey）、查尔斯·库利（Charles Cooley）和乔治·米德（George Mead）这样的思想家。他们认为当时的美国社会正处于一种积极的转变之中，即转向一种纯粹的民主。米德认为，必须开发出这样一种交流方式，使其可以让社会中的每个个体都对不同于自己的他人的态度、观点与立场持欣赏的态度，并且让自身得到他人的认同。米德相信这种"新媒体"将

---

① Hem Raj Kafle，2009，p. 12.
② Jan-Martin Wiarda：*Medien-was*？，Die Zeit，19. May 2005.

可以让人类与他人产生共鸣,并由此共同迈向一个理想的人类社会。而杜威则将米德眼中的这种理想社会命名为"大共同体",并进一步阐明:人类的智慧足以实现自治,而知识则具备着协作与交流的功能。同样,库利断言,政治传播使得大众舆论成为可能,而这一点又进而促进了民主的发展。他们代表了芝加哥学派对于电子传播作为民主促进者的关注、对于知情选民(informed electorate)的信念以及它对个体而非大众的关注。①

在澳大利亚,媒介研究也取得了广泛的发展。其中,维多利亚州在相关的课程开发方面居于世界的领先地位,澳大利亚的媒介研究就是于20世纪60年代首先在该州的大学中作为一个研究领域开发出来的。20世纪60年代中期,在澳大利亚的中学里首先出现了电影研究的相关课程。到70年代早期,澳大利亚的中学开始教授媒介研究的相关课程。而到了80年代,媒介研究已经发展成为中学课程中一个重要的组成部分。今天,在所有澳大利亚的大学中都设有媒介研究课程。根据2010年澳大利亚政府的卓越研究成果评估框架(Excellence in Research for Australia assessment framework)的评估结果,昆士兰理工大学和墨尔本大学的媒介研究在澳大利亚的高校中处于领先地位。②

---

① http://en. wikipedia. org/wiki/History _ of _ media _ studies.

② Excellence in Research for Australia:National Report,"Section 2:Results by Field of Research Code,Section 4:Institutional Report",Australian Research Council,http://www. arc. gov. au/pdf/ERA _ report. pdf.

### 三 现状与趋势

目前，数字化媒体的高速发展及其所具备的丰富多彩的特色已经使得对于数字媒体的研究迅速成为一个跨学科和复杂的研究领域。① 几十年来，已经有人从各个学科的视角对数字媒体进行过研究。不过，已经确立起来的理论传统及其既有的概念框架已经或多或少地被应用于对新兴的数字媒介的研究之中。与此形成对照的是，在今天，为数字媒体的复杂性所苦的理论家们越来越意识到，数字媒体的多样性决定了相应的研究进路所应具备的多样性与跨学科性。②

媒介对于人们的思考方式、行为方式以及自我认同的深度影响使得媒介研究成为一个值得不断深入开拓的领域。近年来，新的传播方式——如互联网、移动电话与电子游戏等——减少了人与人之间面对面的交流，导致寂寞感与孤立感的增多。除了数字鸿沟的出现及其所带来的恐惧，新的传播方式使社会分层比以往更加严重。在这一背景之下，媒介研究的必要性日益凸显。③ 在未来会有更多对媒介过程与效果的研究，而焦点会被集中于计算机传播系统。技术的发展使得研究越来越依赖于通过数字图书馆和全球网络传播的计算机化的数据。该领域将会出现对新的研究技术的需要，新的理论也将出现，对

---

① Practice-based Method：Exploring Digital Media through the dynamics of Practice，Theory，and Collaborative，Multimedia Performance，p. 8，http：// folk. uio. no/idunnsem/practice-based _ method/tekst/practice-based _ method. pdf.

② Ibid. ，p. 11.

③ Hem Raj Kafle，2009，p. 18.

**217**

现有的知识加以丰富。[①]

# 第六节　未来学

未来学（futurology，或 futures Studies）又称作未来预测、未来研究，是一个综合性研究人类重大领域的未来趋势、可能图景、面临的挑战、应当采取的对策等内容的新学科。可以说，未来学是研究未来的科学视角和科学方法的一个跨学科体系。它是关于历史的前瞻性研究，在某种意义上，这里的历史与我们共同所处时代的渊源和根基有关，而未来学研究的是关于目的、意图、我们要去向何方、我们将如何到达那里，以及我们在途中可能会遇到的问题和机遇。更确切的定义是，"未来学是一个与心理、社会、经济、政治和文化生活的各个方面有关的智力和政治活动领域，通过概念化、系统化、实验、预期和创造性思维等手段，力求发现和掌握事物发展动因的复杂化链条的延伸规律"。[②]

人类关于未来的概念甚至可以追溯至公元前，只不过当时关于未来的概念是在宗教、乌托邦和哲学—历史学意义上的。19 世纪后半叶至 20 世纪前半叶出现了萌芽时期的未来学，与现代意义上的未来学不同，当时的未来研究主要体现为文学中

---

① Hem Raj Kafle，2009，p. 19.

② Futurology：Futures Studies，http：//future. wikia. com/wiki/Futurology：_ Futures _ Studies.

的科学幻想题材和"关于未来的思考"①。20世纪初，英国的威尔斯曾主张系统地探索和研究未来，但他的主张没有得到响应。原因主要有两个：一是当时科学技术的发展速度还不是很快，未来问题没有像后来那样引人注目；二是没有拥有研究和探索未来的强有力的科学手段。② 直到1943年，德国学者弗莱希泰姆（Ossip Flechtheim）首先提出和使用了"未来学"一词。他主张把未来作为系统的研究对象，像历史学研究历史那样地研究未来。20世纪40年代初至50年代末，未来学偏重于纯理论、纯学术的研究，以社会科学为主要研究内容，带有明显的政治色彩和意识形态特征。一批未来研究的先驱也脱颖而出，他们大多数为社会学家，如法国的贝特朗德·德·儒弗内尔、奥地利的罗伯特·容克、希腊的多克西亚迪斯、德国的弗莱希泰姆等。他们当中的大部分人，把未来作为一种哲学概念，从理论上加以阐述并赋予其新的定义。这一阶段，西欧是西方未来研究的中心。③

　　第二次世界大战以后，在西欧国家（主要在法国）、东欧（包括苏联）、民族独立国家以及美国，出现了关于未来研究的不同方法。20世纪50年代，欧洲国家继续重建其饱受战争蹂躏的大陆。在这个过程中，哲学家、文学家、艺术家们探索对于全人类，特别是他们本国来说，如何才能构建一个长期的、

---

　　① *Склярова Д. А.* Футурология: история и современность，http://msu-research. ru/index. php/globalistycs/54-politglobalistics/963-futurology.

　　② 秦麟征：《未来学的发展与应用》，载《学习与思考》（中国社会科学院研究生院学报）1981年第3期。

　　③ 秦麟征，1981年。

积极的未来。苏联和东欧国家也参加了欧洲重建，不过是在已经确立的计划经济进程内进行的，这同样需要一个长期的、系统性的社会目标。亚洲和非洲新独立的发展中国家则面临着在一个非常简陋的基础上发展工业化，以及要伴随着长远的社会目标塑造国家认同感的挑战。相比之下，在美国，由于系统分析工具和前景预测的成功应用，未来研究作为一个学科出现了。[①]

随着科学技术的发展和生产力的高速增长，人类社会迈入了一个全新的发展阶段。特别是 20 世纪下半叶，全球化及其所引发的各种问题已经显示出对于人类社会的全面的影响。战争与和平问题、生态与环境问题、经济与社会发展问题、跨国犯罪与恐怖主义问题、卫生与健康问题等越来越多的与人类发展休戚相关的全球性问题不断出现或愈加尖锐化。这些都促使学者对于未来进行预测。与之相应，未来学也从原先的纯理论发展到应用研究。研究对象从社会科学转向自然科学、技术科学和应用科学。同时，研究中心也逐渐从欧洲转向科学技术更为发达的美国，未来研究已经扩展到各个工业发达国家。许多国家已经有了为数众多的未来研究专家，并相继成立了许多未来研究和具有未来研究倾向的机构，如兰德公司、系统开发公司等。[②]

未来学是一门系统性研究大概的、可能的和希望的未来，以及每种未来背后的世界观的学科。在过去的 50 多年，未来研

---

① http：//en. wikipedia. org/wiki/Future ＿ studies ＃ Evolving ＿ the ＿ field ＿ . E2. 80. 93 ＿ Programs ＿ in ＿ Futures ＿ Studies ＿ . 28by ＿ region. 29.

② 秦麟征，1981 年。

究已经从预测未来转向描绘未来的种种替代方案，再转向塑造人类的理想未来，包括从外部集体层面和内部的个人层面。[①] 未来研究的主要任务就是开拓未来选择的可能性，发现隐藏的潜力，预期未来的替代路径上的风险和制约因素，并预测现在的行为和事件的可能后果。[②]

现在，未来学已经发展成为覆盖六大未来研究领域（社会、经济、科学、技术、军事、全球），拥有十大重点课题（粮食和人口、资源和能源、城市和交通运输、自动化、信息化、空间开发、教育、环境、科学技术的影响、全球问题）的综合性学科。

未来学是一个与关于未来的广泛观点相关联的多学科领域。未来研究的方法、工具与技术是人文社会科学领域中最多元（从最浪漫的故事想象到最严谨的数学模型），且最具弹性的（各方法之间的连贯与互补性）。[③] 约翰·麦克海尔和玛格达·C.麦克海尔在1974—1975年进行了一项全球调研，目的是勾勒出全球未来研究的轮廓：谁在从事未来研究活动，研究对象是什么，采用何种方法和手段。他们调研了3000多个组

---

① Sohail Inayatullah, Future Studies: Theories and Methods, in Fernando Gutierrez Junquera (ed.), *There's a Future*: *Visions for a Better World*, Madrid, BBVA, 2013, pp. 36 – 66, http://www.wfsf.org/resources/pedagogical-resources/articles-used-by-futures-teachers/90-inayatullah-futures-studies-theories-and-methods-published-version-2013-with-pics/file.

② Mohamed Saleh & Nedaa Agami, et al., A Survey on Futures Studies Methods, INFOS2008, March 27 – 39, 2008, Cairo-Egypt.

③ 陈国华：《未来研究的预测与研究方法》，载林志鸿等编《社会未来学》，（台北）华泰文化事业公司1999年版，第121页。

织和个人，其中来自 50 个国家的 433 个组织和 527 名个人予以回应。[①] 他们的研究发现了未来学家主要采用的 17 种以上的方式方法，而且这些方法通常相互配合使用。[②] 对于未来学而言，科学性的诠释与可靠的预测，皆有赖于多元的研究方法，以及对同一问题深入且周全的探究。因此，未来研究借用许多其他人文社会和自然科学领域常用的研究方法和测量工具，其主要目的在于针对研究议题，提供所需的全面与综合的评析观点。不过，社会科学各领域间研究方法的共通性本来就很高，互相借用的频率也因跨学科整合的学术趋势而更加密切。[③]

未来学使用的方法和工具很多，一般而言，可以按照定量研究方法和定性研究方法来进行划分。定量研究法属于以数量概念为基础，间或使用方程式以及精准的测量工具之方法。例如，时间序列法、调查研究法、电脑模拟法等；定性研究方法则极少使用数量化的测量，也很少涉及统计分析的概念。属于田野工作法的民族志未来研究或依赖想象力撰写的情景分析法是较为典型的定性研究方法。[④] 下表列举了一些比较常见的未来学研究方法，并对它们进行了简单的对比分析。由下表可见，未来研究的方法是十分多元的。一方面，多元的研究方法是做出具有科学性和可靠性预测的最佳途径；另一方面，对于

---

① John McHale and Magda Cordell McHale, Futures Studies [microform]: An International Survey, 1975.

② P. Assakul, Futures Studies Methods, http://www.cgee.org.br/atividades/redirKori/565.

③ 陈国华, 1999 年, 第 131 页。

④ 同上书, 第 131—133 页。

未来学来说，在正确和有效的研究结果之外，可以发现具有更真实的社会文化内涵的未来趋势才是研究的最终目的。

**未来研究方法比较分析**[①]

| 研究方法 | 特色 | 综合评估 | 应用实例 |
| --- | --- | --- | --- |
| 德尔菲法<br>（Delphi Method） | 属专家意见调查法，强调专家之间的匿名性，配合头脑风暴法（brainstorming），在找出影响未来某一事件的可能趋势后，以约三个回合的意见征询程序，取得共识 | 一种低成本、使用普遍性高的方法，虽属未来研究的典型范式之一，但最明显的限制在于其有强迫取得共识之嫌 | Gordonand Helmer：《建构5—50年的可能未来》（1964） |
| 交互影响分析<br>（Cross-impact Matrix） | 属专家意见征询法，但强调经由专家之间的意见质疑反省过程，找出比较明确且细节式的影响未来趋势的因素 | 类似德尔菲法的低成本及时效性。检视趋势间的交互影响。但容易造成权威意见掌握讨论方向 | Wagschall：《未来20年美国高等教育趋势》（1983） |
| 情景分析<br>（Scenarios） | 根据未来研究其他方法取得趋势假设或实证数据，佐以丰富想象力，以及敏锐观察，完整地描绘或勾勒出未来"剧本" | 可说是其他研究方法的完全辅助工具，但也可独立使用。普遍性最高，容易运用且成本低 | Thomas More：《乌托邦》（1516） |
| 趋势分析<br>（Trend Analysis） | 类似大众传播领域的内容分析，以现有或二手数据，推测未来可能趋势与短期规划 | 相当引人注目的应用未来研究法，资料搜集过程可能耗时甚多，研究结果常被质疑过于商业性，只适用于预测短期未来 | John Naisbitt：《大趋势》（1982）、《2000年大趋势》（1990） |

---

① 陈国华，1999年，第134—151页。

| 研究方法 | 特色 | 综合评估 | 应用实例 |
|---|---|---|---|
| 民族志未来研究 (Ethnographic Futures Research) | 借用自文化人类学领域，以深度田野访谈的方式，辅以情节描绘步骤，关怀社会文化的"过去"，同时探索其未来愿景 | 因为访问目的在于深入，而不在受访人数多寡，复杂性可能不高，但需要长时间与文化信息提供者建立密切互动关系，很具挑战性 | Textor：《泰国社会文化未来》(1990) |
| 调查研究法 (Survey Research) | 包括多种系统化搜集资料的专业技术，包含意见调查(polling)、问卷设计、访谈等。研究结果相当量化，可据以成为推测人们对未来意象(images)的良好工具 | 适用于大样本群体的态度或意见调查。但它是一种相当昂贵的工具，而且需要研究者接受过相关的技术训练，否则容易事倍功半 | Cantril：《未来希望(hopes)与恐惧(fears)的跨国(14)比较分析》(1965) |
| 时间序列法 (Time Series) | 根据过去一段相当长时间内搜集的正确与量化统计资料，所形成的规则形态作为预测未来的工具 | 使用的技术相当复杂而且难度高，虽然检测技术的准确度高，但有赖于某一个概念变项在长时间内的意义延续不变 | Holden：《经济预测》(1990) |
| 环境扫描 (Environmental Scanning) | 属于系统方法的一种，主要目的是帮助决策人员在风险或不确定性逐渐增加的总体未来趋势下，进行管理规划的分析 | 通常适用于经济与科技发展的预测，普遍性相当高，而且不需高成本，但外部因素几乎不断面临修正，因此虽重要但非常强调制度面的配合 | Angnilar：《扫描企业环境》(1967) |

续表

| 研究方法 | 特色 | 综合评估 | 应用实例 |
|---|---|---|---|
| 计算机仿真法（Computer Simulation） | 为信息科技辅助法的通称，包括模型建构（Modeling）、模拟（Simulation）以及游戏（Gaming）方法等。高度依赖计算机技术来推导可能的未来情境 | 大量处理资料的能力强，所得结果相当具有说服力而且具有长时间有效预测性，但对社会与心理因素的忽略可能会扭曲研究背后的真正意义 | 罗马俱乐部：《成长的极限》(1972)、《超越极限》(1992) |

一般来说，未来研究的方法并不是要假装能够预测未来，虽然对未来选择的可能性做出评估是未来研究方法的一个重要方面。相反，未来研究方法一般旨在帮助人们更好地了解未来的可能性，以便今天做出更好的决策。未来学家们经常说，他们用自己的方法来减少不确定性，可能更准确地说是他们正在试图管理不确定性。今天，人们不得不面对未来将要发生什么这样的巨大的不确定性来做出很多决定，而今天的决定对未来造成的影响也是不确定的。未来学方法帮助人们处理这种不确定性，澄清什么是已知的，什么是可知的，什么是可能的，最可取的是何种可能性，以及今天的决定会对未来可能产生什么样的后果。

未来学在当代阶段的发展也遭遇到了一些问题，致使近二三十年来，未来学在世界范围内呈衰颓之势。[①] 分析原因，主要在于：

---

① *Склярова Д. А.* Футурология: история и современность，http://msu-research. ru/index. php/globalistycs/54-politglobalistics/963-futurology.

（1）近一段时间，未来学的研究成果没能带来关于全球化进程导致后果的任何新的信息，使已经对未来充满末日感的人们并不能接受。

（2）未来学的研究手段主要出现于 20 世纪 60 年代，现在早已过时。

（3）几乎任何一个与未来学有关的问题都离不开广泛的预测，这大大降低了它们的有效性。

（4）无论在全球层面还是地区层面，当代未来学家们在研究中所提出的问题及其可行的解决方案的缺乏系统性令人担忧。

（5）人和技术之间的矛盾出现：一方面，科技的发展是以满足人的需要为方向的，另一方面，在系统发展的过程中，技术发展的无限导致了对人的限制，从而在心理层面上使人产生了负面感知。

（6）决策者和做出预测的学者之间的相互作用的有效性低，特别是在一些发展中国家，这一点尤为严重。

除以上因素外，未来学大师苏哈尔·伊纳亚图拉（Sohail Inayatullah）在《未来学》（Futures）杂志 2002 年第 34 卷第 3—4 期合刊发表了一篇题为"还原论还是分层次的复杂性？未来研究之未来"（Reductionism or Layered Complexity? The Futures of Futures Studies）的论文，文章认为，有 5 个因素或趋势决定着未来研究的未来。

（1）从单点预测（准确的预言）转向场景规划（可选择的未来），再转向前瞻研究（机构的能力建设），再转向如何创造面向未来的组织（知识组织、学习型组织等）。

（2）从还原论的未来观转向多因素、分层次、多种世界观的复杂未来观。

（3）从水平转向垂直（从肤浅转向深刻）。他认为，在很多组事物之间存在着同形关系（isomorphism），例如：预兆（typology）与哲人（sage）；案例与故事；通用理论与神话；范式与原型；等等。这些组合中，两方面的功能是相当的，但采用了不同的语言，前者属于科学性的语言，后者是譬喻，它们都是了解认识世界的不同方式。

（4）从短期的经验研究转向对长期历史的研究，从历史回顾转向宏大叙事。由于后结构主义向普世论提出了挑战，那么可以说，对任何问题都只有局部性的解决方案，于是，出现了回归大图景（宏观思考）的趋势。

（5）从场景开发转向"讲道德的"未来。关于未来发展的各种备选方案不可能是道德中性的，因此，必须将伦理道德的考虑纳入未来学研究的范畴。①

总之，未来学最终是否会像很多跨学科研究方向那样消失，还是迈向一个全新的发展阶段，时间将证明一切。

---

① SohailInayatullah，Reductionismorlayeredcomplexity？ The Futures of Futures Studies，*Futures*，Vol. 34，Issue. 3 - 4，2002，pp. 295 - 302. 转引自《未来学研究的未来》，http：//blog. sciencenet. cn/home. php? mod ＝ space ＆ uid ＝ 1557 ＆ do＝blog ＆ id＝232622。

# 第七节　区域研究

## 一　内涵

区域研究是对一个被认定为一片区域的地方进行的研究。[①]"区域"可被视为一种没有边际而又与众不同的实体。它并不纯粹是一种本体论的实体，也不是一种物理空间，而是一种认识论的或关系的实体。[②] 区域研究既是对一片区域进行的研究，也是一种从某一区域之内和之外对世界的审视行为。[③] 一般而言，"区域"由三个领域组成：生物的、社会的和文化的。生物领域是由"生态学"对环境、自然、器物、人口或行为进行的研究；社会领域是由"社会学"对权力、制度、政体、市场等进行的研究；文化领域涉及"象征学"对逻辑、意义、信息、语言和艺术等方面的研究。[④] 从历史上看，所有的学科都可以被视为在一定程度上起源于广义上的某类区域研究。[⑤]

正如伊曼努尔·沃勒斯坦（Immanuel Wallerstein）等人曾指出的，社会科学现有的学科分界是在 19 世纪最后的几十年中建立起来的。在那时，美国的大学按照欧洲的模式建立了

---

[①]　Narifumi Maeda Tachimoto, Discussion Paper No. 129: Global Area Studies and Fieldwork, December 2004, p. 9, http://www.gsid.nagoya-u.ac.jp/bpub/research/public/paper/article/129.pdf.

[②]　Ibid., p. 11.

[③]　Ibid., p. 9.

[④]　Ibid., p. 13.

[⑤]　Narifumi Maeda Tachimoto, December 2004, p. 9.

主要的社会科学部门，以适应当时对世界的理解与分类，如经济学研究市场、政治科学研究国家、社会学研究社会、历史学研究过去、人类学研究"他人"。类似地，人文科学也被划分为语言、文学、哲学、宗教等。上述这些部门、真实世界的各个领域以及学科曾被认为在本质上是一一对应地绑定在一起的单元，可以各自独立地进行研究。①

在发展中，各个学科都发展出各自独立的议程、概念、课程、术语、研究方法、内部讨论、子学科、证据标准、期刊、组织机构以及学术与体制的分级。在这种背景下，跨学科或多学科的研究与培训往往遭到轻视甚至诋毁。然而早在20世纪20年代，人们就开始认识到19世纪对于世界的僵化划分对于学科分野的影响，而这已经无法适应理解社会与文化的需要。②此后的数十年中，人文科学和社会科学都见证了对于跨越学科与地区边界日益浓厚的兴趣。区域研究也不例外。③

区域研究是跨学科性质的研究，因为单一学科的概念与方法无法应对区域研究中的研究主题。④目前，相关区域研究机构的建立都是基于这样一个原则，即合作研究更能促进对某一个地

---

① David L. Szanton, The Origin, Nature, and Challenges of Area Studies in the United States, in *The Politics of Knowledge*: *Area Studies and the Disciplines*, UCIAS Edited Volume 3, 2003, p. 11, http://files. us. splinder. com/7e7e185d69201623a24f809208230bc2. pdf.

② Ibid. .

③ International State of the Field, http://www. sueztosuva. org. au/data/international. php.

④ Narifumi Maeda Tachimoto, December 2004, p. 13.

区的了解。合作是多种形式的，这在某种程度上是由于学者们都有着各自在大学中的教职，而不是仅仅在区域研究机构中从事研究。在培训、研究以及研究项目在多大程度上得到了有效的规划与整合方面，各个区域研究机构之间不尽相同。不过，一个优秀的区域研究项目或机构往往具备以下几个特点：（1）高强度的语言教学，由语言学家主导，并且包含对所教授语言的描述分析；（2）联合研讨小组；（3）群体研究；（4）人文科学与社会科学中的联合研究；（5）可获得专门的资料，包括报纸、官方记录、地图以及其他资源；（6）有来自国外的学生或研究人员的参与。以问题为导向的研究是区域研究中的一个主要趋势。①

## 二 历史发展

区域研究的历史可以追溯至欧洲帝国扩张的开始，但它真正作为一个研究领域走上前台则是在 1945 年之后。② 在第二次世界大战之后，世界首次被分割成了若干个民族国家，这种新的世界格局为区域研究的概念化与组织提供了坚实的现实基础。③ 区域研究中的学术假设与实践有赖于民族国家确定文化与历史疆域的能力。民族国家为区域研究提供了基本的制度基础。国家利益成为在大学中的区域研究获得资助的主要原因，

---

① Area Studies，International Encyclopedia of the Social Sciences，1968，http：//www. encyclopedia. com/doc/1G2-3045000056. html.

② Dr. David Ludden，Area Studies in the Age of Globalization，in *FRON-TIERS：The Interdisciplinary Journal of Study Abroad*，Winter 2000，http：//www. sas. upenn. edu/—dludden/GlobalizationAndAreaStudies. htm.

③ Dr. David Ludden，Winter 2000.

另一个原因则是理解民族认同以及文化多元性的需要。①

在第二次世界大战之中和紧邻战争结束的那段时间里，各国政府注意到这样一个事实：在对世界上某些国家或地区派出作战部队时，或需要对其做出重要的政治与社会决策时，那些对所涉及国家或地区的语言、文化以及地形学特征了若指掌的人却显得十分短缺。②

在美国，第二次世界大战以一种突然而显著的方式暴露了其国际知识的匮乏，也使国际问题学者成为战争机器的宝贵资源。③ 为此，美国军方在第二次世界大战期间设立了特别的语言培训课程，对相关人士进行日语、汉语和其他语种的高强度培训。④ 在战争期间，在美国为数不多的区域研究专家中，有很多成为战略情报局（Office of Strategic Services，OSS）的情报分析人员，并参与帮助培训海外部队的指挥官。第二次世界大战之后，他们之中的一些人供职于美国新成立的政府安全与情报部门，而多数则返回了学术领域。⑤ 这带来了美国的区域研究在 1945 年之后的崛起，在那时美国的国家利益开始变得愈发全球化。1945 年之前，美国的注意力主要集中于欧洲；而 1945 年之后，美国拥有了一种更为全球化的视野，这一点也反映在它的区域研究之中。

---

① 　Dr. David Ludden，Winter 2000.

② 　Area Studies，International Encyclopedia of the Social Sciences，1968，http：//www. encyclopedia. com/doc/1G2-3045000056. html.

③ 　牛可：《美国"地区研究的兴起"》，载《世界知识》2010 年第 9 期。

④ 　Area Studies，International Encyclopedia of the Social Sciences，1968，http：//www. encyclopedia. com/doc/1G2-3045000056. html.

⑤ 　David L. Szanton，2003，p. 7.

　　第二次世界大战之后，区域研究发展成为某种对国外的战略性研究，涉及来自各个学科背景的学者之间的合作与群体研究。而美国在那个时期的区域研究对象往往是与美国持敌对立场或对美国而言难以理解的民族国家。从事区域研究的社会科学家强烈地感受到其他学科与专门化的区域研究之间的冲突，因为他们被认为比一般的理论家低人一等。而研究资金的欠缺也使得美国当时的区域研究停滞不前。不过，应该指出的是，科学间界限的模糊后来成为一种学术潮流或趋势，这不仅反映在区域研究中，① 文化研究、性别研究和环境研究等领域也颇具代表性。②

　　第二次世界大战结束之后不久，少数研究拉丁美洲和苏联的美国学者开始提倡更为合作性的研究。③ 同时，东西方之间的敌对状态导致了对苏联的政治、经济以及社会制度的学术研究不断发展。凭借卡耐基基金会和洛克菲勒基金会的资助，哥伦比亚大学和哈佛大学建立了俄罗斯（苏联）研究中心。这些研究中心的组织架构及其成员的研究成果为针对其他区域开展研究提供了模版。④ 20 世纪 50 年代，联邦项目以及私人基金会为区域研究提供资助的主要目的在于为美国的对外政策服务。⑤ 伴随着区域研究的兴起，美国的留学项目和国际问题研究同时得以发展。富布赖特法案基金项目、社会科学研究理事

---

① 　Narifumi Maeda Tachimoto，December 2004，p. 9.

② 　Ibid. ，p. 10.

③ 　David L. Szanton，2003，p. 7.

④ 　Area Studies，International Encyclopedia of the Social Sciences，1968，http: //www. encyclopedia. com/doc/1G2-3045000056. html.

⑤ 　Dr. David Ludden，Winter 2000.

会区域研究项目、高校的语言与特定区域相关课程以及美国驻扎在海外的研究机构的兴起就是基于华盛顿对国家利益优先项目的资助。①

20世纪50年代晚期，《美国国家教育法案》（National Defense Education Act）的通过为高校带来了在外国语言和区域研究方面新的资助机会，主要参与对国外地区研究的社会科学家们——包括历史学家、政治学家、社会学家、地理学家和人类学家——利用这些资助开展语言和人文科学方面的项目。这使得现代化理论与经典东方学之间产生了联系，从事传统语言学与文学研究的学者开始参与社会科学中的现代化理论、发展研究、国家建设与冷战研究。高校利用法案所提供的资助，帮助汉语、梵语、希伯来语、波斯语和阿拉伯语的专家开发新的语言教学项目，利用新的教学技巧与技术，并出于战略的考虑增设了日语、印度语、泰米尔语、土耳其语、越南语和斯瓦希里语等课程。② 在这一时期，福特基金会为数量可观的大学提供了巨额且长期的资金支持，以便它们发展各自的区域研究。③

1989年之前，冷战意识主导着美国的全球思维；当冷战结束后——美国政府称自己是胜利者，高校管理者、立法者以及资助机构开始质疑旧的区域研究议程。由于美国的高校、企业和政府希望在一个没有主要竞争者的世界上扩展自

---

① Dr. David Ludden，Winter 2000.

② Ibid..

③ Area Studies，International Encyclopedia of the Social Sciences，1968，http：//www.encyclopedia.com/doc/1G2-3045000056.html.

己的影响范围，对区域研究的支持开始依赖于其与全球化之间的关系。美国的区域研究学者不得不为与全球化相关的区域研究建立新的基础。① 对世界上的所有地区了若指掌成为20世纪全球化的关键所在。②

美国的区域研究代表了对于美国之外的全球化与领土状态的学术表述。美国的区域研究机构在世界范围的学术网络中从事研究，并且得益于来自世界各国的学者，他们已成为美国区域研究的精英。③

在英国，像伦敦大学亚非学院——始建于 1916 年，主要是为殖民地的官员和其他相关人士提供语言培训——这样的机构在 1945 年之后得到了扩展，以便将文化与社会研究纳入其中。1961 年的一份关于东方研究、斯拉夫研究、东欧研究和非洲研究的报告《海特报告》（Hayter Report）强调了在语言系之外扩展区域研究的重要性，并且指出美国的区域研究在如下几方面对英国具有借鉴意义：（1）区域研究的发展规模；（2）区域研究机构的组织；（3）对现代研究的强调。该报告所产生的结果就是英国的大学纷纷向大学资助委员会申请资助，用以建立区域研究中心。④

在法国，区域研究的迅猛发展始于 1955 年，在那一年法国高等研究实践学院（École Pratique des Hautes Études）获

---

① Dr. David Ludden，Winter 2000.

② Ibid. .

③ Ibid. .

④ Area Studies，International Encyclopedia of the Social Sciences，1968，http：//www. encyclopedia. com/doc/1G2-3045000056. html.

得了洛克菲勒基金会的资助，用于发展对远东、俄罗斯、印度和穆斯林世界的研究。其他国家也建立了各种各样的区域研究中心。[①]

### 三　现状与趋势

20世纪90年代，对于个体文化和社会的研究在全球化时代中的重要性似乎变得日益弱化。[②] 在一个全球化和英语占据主导地位的时代，人们不禁质疑是否需要花费数年时间来学习某种语言和了解某种文化。[③] 冷战的结束和苏联解体、东欧剧变使得美国减少了对区域研究的支持——在某种程度上，这些研究本来意在使美国更好地了解可能的对手和冲突。[④] 同样减少的还有相关科系的学生数量。[⑤] 除美国之外，其他英语国家也出现了此现象。从学术上看，在美国崛起于20世纪50年代的区域研究也受到了质疑。[⑥]

事实上，区域研究仍在全球化的语境中生存并发展着，只不过是围绕着地区以及对地区而言有着重大国际和国家意义的问题重新进行了组织。学术团体提出了新的区域研究架构的需要，以便了解其他地方（如美国之外）人民眼中的世界。世界

---

[①]　Area Studies，International Encyclopedia of the Social Sciences，1968，http：//www. encyclopedia. com/doc/1G2-3045000056. html.

[②]　International State of the Field，http：//www. sueztosuva. org. au/data/international. php.

[③]　Ibid. .

[④]　Ibid. .

[⑤]　Ibid. .

[⑥]　Ibid. .

上很多重要的研究机构,如英国华威大学的全球化与区域化研究中心(Globalisation and Regionalisation Centre),已经采用了此种更为宽泛和更具分析性的进路来理解这个世界。①

"9·11"恐怖袭击以及全球化带来的种种挑战使得区域研究重新获得了重视。在一个全球化的世界中,语言能力以及对其他地区的深入了解并不仅仅是出于安全的考虑。在世界范围内人们越来越多的交往和互动对更强的文化技巧和历史意识提出了要求。在这个意义上,区域研究又重新获得了价值。② 近年来,区域研究在美国似乎再次获得了动力,并且再次将焦点集中在语言、历史与文化方面,但强调了对学科边界的跨越。跨学科的区域研究试图将自身发展成为一个不会被其他既有学科所覆盖的领域。③

在区域研究的广度方面,美国可谓无人能及。④ 从 20 世纪初到第二次世界大战,在美国的高等院校中,国际导向的教学与研究几乎没有超出欧洲的历史、文学、传统与比较宗教的范围。到 1940 年,美国高校培养出的以当时非西方世界为研究对象的博士不超过 60 个。然而今天,成千上万的大学科系提供关于非洲、亚洲、拉丁美洲、中东以及苏联的历史、文学、当代事务以及国际关系方面的课程。⑤ 法国和英国也从世界各国招募了很多相关的研究者。欧洲的很多高校也有着数量

---

① International State of the Field,http://www.sueztosuva.org.au/data/international.php.

② Ibid..

③ Narifumi Maeda Tachimoto,December 2004,p. 10.

④ David L. Szanton,2003,p. 5.

⑤ Ibid..

可观的区域研究机构或项目，但其研究大多集中在曾被它们殖民的地区。相似的，日本和澳大利亚的高校中的区域研究与教学主要是关于其东南亚邻国，而对于更远地区——如中东、非洲或拉丁美洲——的研究则相对少了很多。例如，日本的区域研究最初即出现在东南亚研究领域，由东京大学的东南亚研究中心主导。似乎只有在美国的若干高校中才可以见到同时对世界上诸多地区开展研究的区域研究机构。① 这些机构中的研究彼此重叠且相互竞争，共同形成了世界性的视野。②

美国的区域研究由于其多样的学科基础以及自身不断的发展，一直在产生着新的知识与理解。通过生产新数据、新概念、解决关键问题的新进路和新的分析单元，通过更加注重对文化根源的阐释，以及通过创建新型的多学科学术单位，区域研究专家们正在为美国的大学以及社会科学与人文科学带来学术上和政治上的挑战。③

区域研究人员以及像福特基金会这样的资助机构现在已经认识到，很多区域问题都有全球意义，政府、社会以及学术界需要对此重新加以认识。地区问题——无论是旅游、贸易还是疾病、恐怖主义——都是多维度、多方面和多学科的。它们跨越了地理和学科的边界。④ 美国的福特基金会在 1997—1998 年启动了一个名为"跨越边界：重振区域研究"（Crossing

---

① David L. Szanton，2003，p. 6.

② Ibid. , p. 7.

③ Ibid. , p. 11.

④ International State of the Field，http：//www. sueztosuva. org. au/data/ international. php.

**237**

Borders：Revitalizing Area Studies）的项目，承诺在接下来的 6 年中提供 2500 万美元的科研资助。项目的宗旨在于促进对特定区域的深度研究，开发新的资助领域以及促进对创新性研究进路的开发。[①]

当今世界全球化的现实对全球区域研究的发展提出了要求。[②] 全球化为区域研究提供了很多新的机遇，使其得以为社会科学学院、商学院、公共政策机构、医学院、非政府组织、联合国各组织机构、私人企业以及政府提供服务。高校为区域研究开发新的支持体系——跨越各个科系或学院，让来自各个学科的学者都可以参与其中。[③]

区域研究学者在他们各自的学科内或跨越学科进行研究，在某种程度上还跨越地区进行研究，他们的工作在过去的 20 年中已经改变了区域研究的知识主体。不过，由于他们被各自的学科背景和所关注的不同区域分割开来，因此他们中没有人对作为整体的区域研究进行描述或理论化。这项工作需要跨学科、跨区域的研究人员共同进行。[④]

# 第八节　文化学

文化学（culturology）是一门研究文化，特别是其总体发

---

① International State of the Field，http：//www. sueztosuva. org. au/data/international. php.

② Narifumi Maeda Tachimoto，December 2004.

③ Dr. David Ludden，Winter 2000.

④ Ibid. .

展规律的科学，它属于社会科学的一个分支。文化学的使命包括科学地理解作为整体现象的文化，确定其发挥功能的总体规律，分析作为一个系统的文化现象。[①] 在英语中，文化学也被称作文化科学（the science of culture）。主要研究各种文化现象的起源、结构、功能、本质以及文化的共性和个性、一般性与特殊性等一系列基本问题与一般规律。文化学的研究对象，即文化，是一种历史发展中的、多面性的和复杂的社会现象，也是反映了人的世代相传的特质和使命的生活方式。文化的概念极为复杂，古今中外，关于文化的定义甚至有数百种之多。[②] 其内涵和外延处于不断的发展变化之中。总的来说，文化充满了人类生活的方方面面——思想与感受、智慧与意志，它是人的存在所不可分离的特征和属性。生活的任一领域——经济、政治、家庭、教育、艺术、道德、休闲或是体育，都无法脱离文化的范畴。[③]

文化科学的研究肇始于德国。1838 年，德国学者拉维涅—佩吉朗（Lavergne-Peguilhen）提出"文化科学"（Kulturwissenschaft）的概念。此后，德国学者克莱姆（G. F. Klemm）于 1951 年发表了一篇题为"关于普遍文化科学的基本观念"的论文，并创造了一个撰写上略有差异的词"Gultur-Wissen-

---

[①] http：//ru. wikipedia. org/wiki/%D0%9A%D1%83%D0%BB%D1%8C%D1%82%D1%83%D1%80%D0%BE%D0%BB%D0%BE%D0%B3%D0%B8%D1%8F.

[②] 关于"文化"定义的梳理，可参见林坚《文化学研究引论》，中国文史出版社 2014 年版，第 9—19 页。

[③] Междисциплинарные связи культурологии，http：//www. countries. ru/library/uvod/md. htm.

schaft"。① 1871 年，英国著名人类学家爱德华·泰勒（E. Tylor）的名著《原始文化》问世，"文化科学"概念得到进一步的阐释。1909 年，德国化学家奥茨瓦德在他的《文化学的能学基础》中建议，在社会学之外另建文化学，但未引起人们注意；1915 年他发表《科学的体系》，主张把研究人类根本特征的文化学置于"科学金字塔"的顶端。② 这一时期的文化学研究基本上是在文化哲学层面进行的。

而真正现代意义上的"文化学"兴起于 20 世纪 50 年代。美国人类学家怀特（Leslie White）主张将文化学从一般的社会科学和自然科学中划分出来。在《文化的科学——人类与文明研究》一书中，怀特认为："文化学一词揭示人类有机体与超机体的传统，即文化，双方之间的关系，它是创造性的；它建立并确定了一门新的科学。"③ 以该书和怀特的《文化的进化》（1959 年）为标志，具有现代意义的文化学初步形成。因在创建文化学学科中的突出贡献，怀特被誉为"文化学之父"④。可以说，文化学伴生于人类学或文化人类学。人类学演化形成了文化人类学，从文化人类学脱胎演变出了文化学。⑤

文化学在俄罗斯的发展可以追溯到 19 世纪末至 20 世纪初，

---

① 萧俊明：《文化的误读——泰勒文化概念和文化科学的重新解读》，《国外社会科学》2012 年第 3 期。

② 《当代社会科学大词典》，南京大学出版社 1995 年版，第 746 页。

③ 林坚：《文化学：开拓跨学科研究领域》，载《中国交叉科学》第 2 卷，科学出版社 2008 年版。

④ 林坚：《文化学研究引论》，中国文史出版社 2014 年版，第 26 页。

⑤ 同上书，第 25 页。

与此有关的学者包括米哈伊尔·巴赫金、阿列克谢·洛谢夫、谢尔盖·阿韦林采夫、尤里·洛特曼、维亚切斯拉夫·伊万诺夫、弗拉基米尔·托波罗夫等人。但到了斯大林时期，马克思主义的社会研究逐渐成为主流。20 世纪 60 年代，文化学作为一个跨学科领域再次出现在苏联，并逐渐形成一个区别于西方文化学研究的独立发展的、较为系统的研究领域。20 世纪 90年代初，文化学作为一个科学和教育的学科，正式进入俄罗斯人文社会知识体系。文化学进入最高学位评定委员会能够授予学位的学科名单，并成为俄罗斯高等教育机构第一年的必修课。这一整合的实质在于，为在当前复杂的自然和社会背景下，对处于发展变化中的文化现象和文化进程进行深入研究创造了条件。[①]

　　如果说西方的文化学，特别是"美国的文化学研究是从人类学的胚胎中培育出来的"[②]，更注重经验研究，那么俄罗斯视野中的文化学则是一个从哲学领域发展起来的综合性的人文学科，更注重理论研究和文化学的跨学科性。俄罗斯学者认为，科学研究的内在逻辑导致了一系列学科的综合，形成了一种综合研究实体，从辩证的相互联系的角度，探讨关于文化作为一个整体性和多样性的系统的概念。在俄罗斯的研究语境下，文化学研究的对象为文化的实质和结构，出现的过程、发展和功能；世界各民族文化的独特性；适用于全人类的文化价值、人类的创造性成就；个体精神世界的形成和

---

　　[①]　*АстафьеваО. Н. и РазлоговК. Э.* Культурология：предмет и структура //Культурологический Журнал. 2010/1.

　　[②]　《当代社会科学大词典》，南京大学出版社 1995 年版，第 746 页。

自我实现；实现文化传承和人与社会精神发展的社会系统的活动。①

## 一 文化学的理论流派

文化学可以从社会科学学科、人文学科以及艺术领域汲取元素和获得借鉴，从而发挥其功能。文化学的理论和研究方法论来自于社会学、人类学、心理学、语言学、文学批评、艺术理论、哲学和政治科学。几乎所有的研究方法都可以应用于文化学研究领域，从文本分析、民族志和精神分析，到调查研究皆是如此。根据关注点和动机的转变，它可以从一个学科跨越到另一个学科，从一种方法学再到另一种方法学。② 文化学的理论流派比较多，如进化学派、传播学派、历史学派和社会学派（见下表③）。

| 流派 | 主要观点 | 主要代表人物 |
| --- | --- | --- |
| 进化学派 | 文化史是从低级到高级、从简单到复杂的逐步进化过程。古典进化论、新进化论、一般进化论、特殊进化论、多线进化论、生态适应论 | 泰勒、摩尔根、巴斯蒂安、弗雷泽、怀特、斯图尔特、塞维斯、斯林斯等 |
| 传播学派 | 文化史是文化传播和文化借用的过程。文化圈、文化层 | 弗罗贝纽斯、格雷布内尔、施密特、史密斯、佩里、里弗斯等 |

① Междисциплинарные связи культурологии，http：//www.countries.ru/library/uvod/md.htm.

② 参见［美］齐·萨达尔《文化研究》，苏静静译，当代中国出版社 2013年版，第 5—6 页。

③ 《文化研究与文化现代化（主要理论及流派）》，http：//cn.chinagate.cn/reports/whxdh/2009-01/23/content_17177674.htm.

| 流派 | 主要观点 | 主要代表人物 |
|------|---------|-------------|
| 历史学派 | 研究文化传播过程可以重建文化的历史。实证和经验主义的文化研究，文化丛、文化区、文化模式、文化整合、批判性、历史性、心理性 | 博厄斯、克罗伯、罗维、柯尔、赫斯科维茨、本尼迪克特、米德等 |
| 社会学派 | 运用社会学方法研究文化。集体观念、原始思维 | 涂尔干、莫斯、布留尔、赫尔兹等 |
| 结构主义学派 | 采用结构分析研究文化。文化系统、语言结构、心理结构、文化结构 | 列维－斯特劳斯、索绪尔、巴尔特等 |
| 功能学派 | 注重田野调查。文化是一个有机体，每一个文化要素都有自己的功能 | 马林诺夫斯基、布朗、普理查德 |
| 心理学派 | 心理和人格分析研究文化。民族心理、人性、人格、文化模式、代沟 | 本尼迪克特、米德、林顿、克拉克洪 |
| 相对主义学派 | 每种文化都具有独创性和价值，不同民族对同一文化要素的评价不同 | 赫斯科维茨、博厄斯等 |

## 二　文化学的分支研究

作为一个学科体系，文化学应列为"一级学科"，可分设各类二级学科：如文化学原理、文化哲学、文化人类学、文化社会学、世界文化史、比较文化学等。各个具体学科与文化的结合，有可能形成新的学科生长点，如科学技术文化学、文化产业经济学、历史人文地理学、国际文化传播学等。此外，还有若干学科交叉的文化学分支学科，如文化管理心理学、文化符号解释学、文化生态历史学、经济文化信息学等。①

---

① 林坚，2014年，第114—115页。

　　而在俄罗斯文化学的框架内，文化学是由六个相互联系的部分组成的：世界各国的文化史；作为一门科学的文化学史；文化哲学；文化社会学；文化人类学；应用文化学。每一个分支都有自身的研究对象、不同的分析特点、研究方法和解决具体问题时所采用的实践手段。

　　哲学打开了一条通往理解与解释文化实质的道路；社会学揭示了文化在社会中的功能化进程的规律性以及不同群体文化水平的特点；心理学为深入理解人的文化创造活动的特点、人对文化价值的感知，以及个性的精神世界的形成提供了可能；民族学有助于理解世界各民族文化在民族—人种上的特性，促进文化在国际关系中的作用；艺术学和美学揭示了审美文化的独一无二性及其能够影响人的情感力量。对于文化学来说，与之相联系的各个学科不仅是它的培养基，而且是其存在不可缺少的基础。① 下文通过对文化学内六个分支的详细介绍，揭示文化学与其他学科的交叉点。

　　1. 文化史

　　文化史研究的是不同的时期、国家和民族文化发展的传承过程。它为揭示文化价值的多样性、各民族为人类文明发展所做出的贡献、文化历史进程的困难与矛盾，以及欧洲文明、印度文明、俄罗斯文明、中国文明等世界几大文明的发展命运提供了丰富的材料。文化史建立的是关于文化遗产、探索与发现、物质和精神文化遗迹、生活的价值和规范、不同民族的理

---

　　① Междисциплинарные связи культурологии，http：//www.countries.ru/library/uvod/md.htm.

想和象征的知识。文化史研究的是文化现象的根源和它的传播过程。[①]

文化史本身就是一门综合性的学科，其研究范围涉及思想史、科学史、教育史、文学史、艺术史、民俗史、宗教史、民族文化史、民间文化史、文化事业史等文化历史。但文化史不是对上述文化历史的简单的重复和对其研究成果的生硬拼凑，而是力图通过对人类文化各个侧面的总体综合研究，揭示人类文化发展的具体过程和最普遍规律。[②]

对文化学来说，文化史构成了理论概念的基础。文化史不直接讨论政治或国家的历史，与政治史相比，一个特定的年代或日期在文化史中不十分重要。对文化史来说，重要的因素是语言、文学、艺术、宗教、制度和科技等。[③]

2. 文化学史

文化学史研究的是关于文化及其规律性的理论概念的发展历程。

前文中对于文化学发展进程的梳理即为文化学史的研究。几个世纪以来，学者们不仅想要研究不同民族的文化，而且希望弄明白文化发展的趋势，找到驱动这一丰富和多样性现象发展的动因和规律性。在古希腊和东方的很多论文中，我们都可以找到关于文化的非常深刻和准确的论述。德

---

[①]　Междисциплинарные связи культурологии，http：//www.countries.ru/library/uvod/md.htm.

[②]　《当代社会科学大词典》，1995 年，第 744 页。

[③]　http：//zh.wikipedia.org/wiki/%E6%96%87%E5%8C%96%E5%8F%B2.

国哲学家赫尔德（Johann Gottfried von Herder）是最早奠定文化理论的科学基础的学者之一。后来，文化学成为学者们所关注的研究对象：Н. Я. 达尼列夫斯基、П. А. 索罗金、马林诺夫斯基（Б. Малиновский）、斯宾格勒（O. Spengler）、汤因比（A. Toynbee）、韦伯（Max Weber）、尼采、奥特加·伊·加塞特（José Ortega y Gasset）、弗洛伊德、泰勒、L. 怀特、L. 摩尔根、马克思、恩格斯、别尔佳耶夫（Н. А. Бердяев）、弗格姆（E. Fromm）、罗列赫（Н. К. Рерих）、赫伊津哈（J. Huizinga）、涂尔干（E. Durkheim）、本尼迪克特（R. Benedict）、帕森斯（T. Parsons）、米德（Margaret Mead）、托夫勒（Alvin Toffler）以及其他一些世界知名的学者将文化作为一种完整的社会现象来认识和解释。应该指出的是，历史学家、哲学家、民族学家、社会学家、作家、教育家等为文化学的发展做出了不可估量的贡献。在他们的理论遗产中，能够找到不受时代影响的关于文化的深刻思想。

3. 文化哲学

文化哲学是从哲学的角度、立场和方法对文化进行研究的学科，具体来说，研究的是文化的概念、性质、结构，定义其在社会中的功能；文化发展的辩证关系和动因、在文化的独特性发展过程中文化交流的作用、文化的发展和危机时期、作为社会文化发展的推动因素的文化精英的作用；文化和文明、种族和文化的互相作用；文化模式和价值观的变化。文化哲学阐明了文化与自然、文化与文明的关系，以及大众传媒在文化传播中的作用；探讨了文化的语言和符号形式的多元化；人类的历史统一性和文化互动进程；当代全球性问题以及文化在其解决过程中的作用。文化包含了人类活动、价值观和创造力的所有方法和机制。在最宽泛和足够抽象的意义上，文化是人的本质力量的实现方式。[①]

4. 文化社会学

文化社会学探讨的是社会中的文化功能；各种社会群体的意识、行为和生活方式所表现出的社会文化发展的趋势。[②] 包括文化与文明、文化与地理、文化与社会（民族、群体、阶级、宗教、制度、风俗、生活方式等）、文化与人格（国民性、社会化、个人心理及行为等）、文化的起源与变迁（现代化问题）以及文化与科技等。[③]

文化社会学再现了社会文化群体的多样性，揭示了各种不同亚文化发展的动力、合并与分散或者在社会发展趋势中消失的原因，以及新的价值取向的形成。

文化社会学主要研究社会民主化、经济政治改革、城市化进程中人的文化需求和利益的变化、移民、生态危机和精神危机等情况对社会文化的影响及其所造成的后果。文化社会学使由对待日益复杂的社会形势的态度所决定的不同类型的个性得以展示出来。

文化社会学可以分为三种层次的知识：第一个层次的知识的特点是当代文化发展最为普遍的趋势，再现最广泛的价值观、生活方式和行为模式；第二个层次的知识关注不同群体的

---

① Междисциплинарные связи культурологии，http：//www. countries. ru/
library/uvod/md. htm.

② Ibid. .

③ 《当代社会科学大词典》，1995 年，第 743 页。

文化水平、文化行为方式、传统与创新的关系、文化价值的传播系统，以及人对于文化价值的掌握；第三个层次的知识是基于经验研究所获得的社会学信息，如使用社会调查、访谈、考察以及对文献和社会统计进行分析等方法获得的信息。[①]

确定文化发展水平和精神需求变化的指标和指数的开发和标准化是文化社会学研究的一个十分复杂的问题。乍一看，文化社会学的研究对象都是具有独特性的，其内在地抗拒死板公式和统一标准。然而，趋势的得出总是来自能够定性和定量测量的一组数据。而且任意选出的指标可能会歪曲现实，也可能会对现实状况造成虚假的、美化或丑化的图景。所有事实的汇集必然要以理论认知和总结为前提，否则这些事实将失去意义。但是，在理论和经验之间存在着反馈性的联系，当依靠得到的数据完成理论建造时，数据会揭示出文化发展的新的趋势。

由于这种特殊性，文化社会学需要掌握社会学研究方法和技术、同时能熟练使用电子计算机进行工作的专家。文化社会学与其他一些在研究对象上相近的、可以大大充实自身关于过程和知识的概念的社会学理论有机地联系在一起。与之建立跨学科的联系的包括艺术社会学、道德社会学、青年社会学、犯罪与偏差行为社会学、休闲社会学、城市社会学等其他科学。然而其中每一门学科都不能建立关于社会文化现实的完整概念。例如，艺术社会学提供了丰富的信息，但只是关于社会的

---

① Междисциплинарные связи культурологии，http：//www.countries.ru/library/uvod/md.htm.

艺术生活的知识，而休闲社会学研究的只是不同的社会群体如何利用他们的自由时间。因此需要一个更高水平的概括和总结，这就是文化社会学所要完成的任务。[①]

5. 文化人类学

文化人类学探索的是人与文化之间的关系，个人的精神世界形成的过程，能力、天赋、才能的实现，创造性潜力在人的活动中的体现以及这种活动的后果。社会文化人格的演变贯穿于人的一生当中，但形成价值立场和世界观的童年和青年时期发挥着特殊的作用。文化人类学揭示了人的社会化过程的关键点、生命道路每个阶段的特点，探讨社会文化环境、教育和教养体制、家庭、同龄人等对其所造成的影响。这里要特别注意的是这些文化现象的心理学依据，如生命、灵魂、死亡、爱情、友情、信仰、意义、男性和女性的精神世界。[②]

在西方，这一研究领域起源于民族学，往往透过田野调查工作，来检视全球的经济与政治过程对地方文化的影响。[③] 它的发展开始于20世纪60年代，但其基础是在19世纪的后期和20世纪前几十年奠定的。文化人类学主要的研究方向包括：不同文化条件下个体的社会化过程，自然和文化环境对人的精神世界所造成的影响、民族性格以及生态和种族的相互影响。

弗洛伊德及其后继者弗洛姆（E. Fromm）、卡丁纳（Abram

---

① Междисциплинарные связи культурологии，http：//www. countries. ru/library/uvod/md. htm.

② Ibid. .

③ http：//zh. wikipedia. org/wiki/%E6%96%87%E5%8C%96%E4%BA%BA%E7%B1%BB%E5%AD%A6.

Kardiner)、霍尼（K. Horney）、阿德勒（Alfred Adler）、马斯洛（Abraham Maslow）、荣格（Carl Gustav Jung）等的精神分析学派特别重视自然—生物的、能源的和社会文化的因素对人的行为动机以及造成焦虑、不安、攻击性、爱情、希望等情感状态的影响和作用；重视揭示创造性和天赋的社会与心理学机制。

以米德、本尼迪克特等人为代表的人类学派则对文化发展中的关键时期——儿童时期有着特殊的兴趣。对于文化和人格的相互影响问题也反映在一些俄罗斯学者的研究著作中，如维戈茨基（Л. В. Выготский）、博达列夫（А. А. Бодалев）等人。

文化人类学研究个体的性格，其独特性和独创性，有意识的行为与无意识的冲动之间的关系，生命能量的起源和对其他人产生影响的吸引力，精神健康和魅力，不诚实和虚伪，侵略性和邪恶。

6. 应用文化学

应用文化学主要的研究方向包括：文化政策的制定；文化项目实施的经济、政治和精神保障。应用文化学研究公众利益、掌握文化的动因、休闲活动的组织形式。剧院、电影院、录像厅、博物馆、音乐厅和展览馆、俱乐部和文化宫、图书馆、基金会及创作性活动联盟、历史文化遗产保护部门，以及其他社会性的组织和协会的工作和活动都是应用文化学的科学分析对象。应用文化学在本质上是实践性的，专家们对其的研究有助于满足不同社会群体的精神需求。[1]

--------

① Междисциплинарные связи культурологии，http：//www. countries. ru/ library/uvod/md. htm.

可以说，文化的崇高使命不仅限于全球性问题，它直接面向每一个人，面向人们的日常生活，确定人的存在的意义，开辟了一条通往自由和创造的道路，使人展现个性。文化学帮助我们将历史和人文知识系统化，帮助人们在统一的思想语境下理解社会生活的各种现象，有助于揭示世界上各民族独特的文化所构成的世界文明的统一性和整体性。

而文化学的跨学科性反映了当代科学的整体趋势，即一体化进程的加强，特别是在研究共同对象时各个知识领域的相互影响与相互渗透。文化研究打破了学科界限。现实本身是跨学科的，任何学科的边界都是相对的。人文社会科学的许多重大突破和重大成果都是在多学科交叉处取得的。[①] 文化学研究领域是一个广泛的空间，值得深入开掘。

## 第九节　性别研究

### 一　内涵

性别研究是一门新兴的、跨学科的研究领域。[②] 从全球看，性别研究已经成为国际人文社会科学领域中一个重要的分析范畴。[③] 性别研究所涵盖的主题一般包括家庭、工作、母亲身份、婚姻、科学、国家、权力、法律、社会阶层以及种族；

---

① 林坚，2014 年，第 115 页。
② 佟新：《社会性别研究导论》（第二版），北京大学出版社 2011 年版，第 12—14 页。
③ 同上。

而近期的性别研究则出现了更为复杂的论题。①

性别研究自出现以来发展至今，一直都有着如下几个特点。第一，性别研究是跨学科或多学科的研究，跨学科一直都是其关键的特色，并且对于当代知识生产的理论与态度有着深刻的影响。第二，性别研究中产生的相关知识和理论不断渗透到其他主流学科之中。第三，女性主义一直都是性别研究的中心视角。②

性别研究曾一度被指就是女性研究。不过，在全世界的许多高校中，女性研究一词似乎不太容易为学生们所接受，因此"性别研究"成了一个颇受欢迎的替代选择。通过这种方式，墨西哥和英国的高校得以将性别和女性主义研究合法化。③ 关于性别研究的刻板印象开始逐渐退却。④

由于传统学科都有其固有的学术界限标准，而许多女性主义学者所关注的问题恰恰处于既定学科的边缘或边界上，因此，跨学科研究成为女性研究或性别研究所不得不依靠的

① Global Perspectives in the Development of Gender Studies，http：//www. google. com. hk/url? q = http：//redharveysworld. blogspot. com/2011/07/global-per-spectives- in-development-of. html & sa＝U & ei＝9itoTtiJG4KuiAfL7JzJCw & ved＝0CBQQFjAC & usg＝AFQjCNHh7CSqt-vBIoX59 _ 9v7N1wJPTP1A.

② Jane Pilcher and Imelda Whelehan，*50 Key Concepts in Gender Studies*，Sage Publications，2004，p. xii.

③ Global Perspectives in the Development of Gender Studies，http：//www. google. com. hk/url? q = http：//redharveysworld. blogspot. com/2011/07/global-per-spectives-in-development-of. html & sa＝U & ei＝9itoTtiJG4KuiAfL7JzJCw & ved＝0CBQQFjAC & usg＝AFQjCNHh7CSqt-vBIoX59 _ 9v7N1wJPTP1A.

④ Ibid. .

方式。① 作为一种认识论上的以及方法论上的策略，跨学科产生于这样的洞见，即传统意义上的学科被认为是有着明确边界的独立的领域。不过，事实上，各个学科之间却存在着各式各样的联结，并且充斥着跨学科的路径。因此，学科之间的边界应该被理解为是缺乏系统的产物。② 跨学科研究以问题为导向，而不是受到学科的限制，③ 从而可以产生新的研究成果、理论或方法。④ 许多性别研究项目或机构都表达了生产和传播相关跨学科知识的意愿，研究者相信，在现有的学科界限内无法深入了解女性的生活、条件与未来；在传统的学科内，甚至无法提出性别研究中的一些重要议题。⑤

　　作为学术研究之结构原则的跨学科试图严肃地对待这一理解，即学科与其说是围绕着一个核心建构的，不如说是像一个网状结构中的节点那样组织的。⑥ 跨学科并不是关于学术知识生产的新的要求，⑦ 而是一种结构化原则。真正意义上的跨学科意味着对人为划分的可能的边界进行持续不断的审视。⑧ 性

① Judith A. Allen and Sally L. Kitch, Disciplined by Disciplines? The Need for an Interdisciplinary Research Mission in Women's Studies, in *Feminist Studies*, Vol. 24, No. 2, Disciplining Feminism? The Future of Women's Studies, Summer, 1998, p. 277.

② Irene Dölling and Sabine Hark, She Who Speaks Shadow Speaks Truth: Transdisciplinarity in Women's and Gender Studies, in *Signs*, Vol. 25, No. 4, Feminisms at a Millennium, Summer, 2000, p. 1196.

③ Judith A. Allen and Sally L. Kitch, Summer, 1998, p. 277.

④ Ibid., p. 278.

⑤ Ibid., p. 282.

⑥ Irene Dölling and Sabine Hark, Summer, 2000, p. 1196.

⑦ Ibid..

⑧ Ibid., p. 1197.

别研究就是这样一种跨学科的研究领域。一种观点认为，在性别研究中，"性别"一词应该被用来指代男性气质和女性气质的社会与文化建构。不过，这种观点并未得到全体性别研究学者的认同。性别研究还详细探讨了生物学意义上的男性和女性状态在社会性别身份建构中所起到的作用，特别是性别角色是如何被生物属性和文化属性所决定的。这一研究领域在多个学科的基础上产生，包括 20 世纪 50 年代以及之后的社会学、精神分析专家雅各·拉冈（Jaques Lacan）的理论和像朱迪斯·巴特勒（Judith Butler）这样的女性主义者的著作等。精神分析的女性主义理论在性别研究中有着巨大的影响力。[①]

在许多学科领域中，例如文学理论、戏剧研究、电影理论、表演理论、当代艺术史、人类学、社会学、心理学以及精神分析学等，性别都成为一个重要的研究范畴。这些学科在研究性别问题的进路上有时并不一致。例如，在人类学、社会学和心理学中，性别是被作为一种实践进行研究的；而在文化研究中，往往是性别呈现得到更多的关注。性别研究本身也已成为一个独立的、将很多学科的进路和方法融为一体的跨学科研究领域。[②] 近年来，新型的不平等与社会分层正在变得愈发明显，同样变得明显的还有社会群体、活动以及生活方式的"女性化"（feminization）现象，这种现象并非是遵循性别划分而出现的，也无法按照社会与文化的区别进行解释。[③]

---

① Wikipedia on Answers. com：Gender studies，http：//www. answers. com/topic/gender-studies#ixzz1VpqzMqmr.

② Ibid. .

③ Irene Dölling and Sabine Hark，Summer，2000，p. 1196.

## 二 历史发展

自科学与哲学诞生以来，"性别研究"就以多种形式存在。西方文化已经对关于女性的科学（the science of woman）投入了大量的资源，对女性的生理、道德和智力特征进行研究。本质主义话语是早期关于性别差异的科学与哲学研究以及对两性的比较研究的特征之一，在这种话语中，两性之间的生物、智力与道德差异成为讨论的焦点。主要观点包括：亚里士多德认为，由于女性比男性体温低，因此女性的思辨能力比男性弱；伽林认为，女性身体是男性身体不完整和更低级的版本；而达尔文主义则认为女性是进化未能完成的男性。这些生物本质主义的核心假说仍然可以在当代关于性别差异的生物医学、心理学和社会学话语中找到共鸣。20世纪60—70年代女性主义和性别研究在人文科学与社会科学中的出现，在很大程度上是对上述本质主义核心假说的回应，其目的在于消解科学中所隐藏的男性利益中心主义、弥补作为能知的女性的缺位，并且试图从女性的角度来理解女性的生活，而不是仅仅由男性研究者、哲学家和科学家进行研究。[1]

现代意义上的性别研究脱胎于女权运动、女权主义理论和妇女研究。[2] 它作为一个学科出现的历史相对较短，可以被追

---

[1] Shona Bettany，Susan Dobscha，Lisa O'Malley and Andrea Prothero，Moving beyond binary opposition：Exploring the tapestry of gender in consumer research and marketing，in *Marketing Theory*，Vol. 10，No. 3，2010，pp. 6 - 7.

[2] 佟新：《社会性别研究导论》（第二版），北京大学出版社2011年版，第12—14页。

溯至 20 世纪 60 年代,而其发展是受到了第二波女性主义运动的推动。除了对两性不平等的批判之外,第二波女性主义运动开始让人们注意到学术领域和知识体系是如何将女性的经验、兴趣与认同排斥在外的。例如,在 20 世纪 70 年代以前,社会科学(尤其是社会学)在很大程度上忽视了性别问题。被研究的"人"主要是男人,被研究的话题往往是对男人而言更为重要的议题,如工作、薪水与政治。而女性在 20 世纪 70 年代之前的社会学研究中几乎是不可见的。在当时,两性之间的不平等并没有被当作值得关注的社会问题。不过,在第二波女性主义运动的背景下,许多社会科学、艺术和人文科学的学科开始愈发关注性别问题。因此,女性与男性之间的差异和不平等开始在 20 世纪 70 年代得到了社会学家——特别是女性社会学家——的关注与研究。研究最初集中于填补关于女性的知识的空白,[①] 后来则逐渐转向了对女性而言重要的经验层面,包括工作酬劳、家务、母亲身份和男性暴力等。[②]

20 世纪 60 年代和 70 年代,美国民权运动和黑人权利运动的出现使得种族及其社会与政治阶层问题成为这几十年中重要的文化议题。而同一时期女性运动中令人印象深刻的政治活力,最终使女性问题得到了同种族问题不相上下的关注程度。有鉴于 20 世纪后半叶美国的国家政治对话与冲突,在其中处于边缘地位的人们——即女性和有色人种——的权利决定了主要的国家话语,似乎种族与性别问题必然会并肩出现。[③]

---

① Jane Pilcher and Imelda Whelehan,2004,p. ix.

② Ibid. ,p. x.

③ http://www. answers. com/topic/gender # ixzz1XKH4Cia5.

在很多国家，性别研究作为一个研究领域的基础都是奠定于 20 世纪 70 年代——在那个时期，学术界的女性对于令女性在学术生产中处于"隐形"地位以及忽视了社会中性别权利关系的学术知识生产方式提出了抗议。在北美和欧洲的很多国家，跨学科研究的氛围日益浓厚，许多女性研究中心纷纷成立，在其中汇集了大量希望从事性别关系，特别是女性问题研究的教师与学生。上述发展与女性运动、女性激进主义以及女性主义的理念与实践紧密相关。①

自性别研究在 20 世纪 70 年代兴起，就受到诸多学术传统的影响，包括经验主义、马克思主义、精神分析学、后结构主义、男性与男性气质批判研究、批判种族理论、白种人批判研究、后殖民理论、酷儿研究、同性恋研究、身体理论、女性主义、黑人女性主义、生物女性主义、动物研究、生化人理论（cyborg theory）、女性主义技术科学研究（feminist techno-science studies）、唯物女性主义等。性别研究已经在世界范围内迅速发展起来。② 性别研究项目的宗旨在于创立一个新的知识生产领域，并最终对科学和学术的实践与理论产生影响。在这一背景下，批判性和创新性的学术进路成为性别研究的特色之一。知识、权利与性别之间的关系，以及它们同种族、阶级、性征、民族、年龄等方面的相互作用，在性别研究中得到了详尽的探讨。③

---

①　http：//www. tema. liu. se/tema-g/grundutb/a-brief-history-of-gender-studies? l＝en.

②　Ibid. .

③　Ibid. .

　　从历史上看，社会学作为一门学科对性别研究起到了极大的促进作用。1972 年，女性主义哲学家安妮·奥克利（Anne Oakley）将"性别"（gender）这一术语引入社会学。"性别"（gender）被视为是男人与女人之间差异的社会与文化建构的层面，而"性"（sex）则是生物学意义上的区分。在那时出现的很多相关分析与研究都旨在推进这样一种观点，即性差异不能完全解释男人与女人之间的差别，而文化上的性别角色模式、儿童的社会化以及制度上的不平等正是所谓的性别差异的主要推手。女性主义学者试图揭露和消弭这种不平等，并且鼓励在学术话语中沉默已久的女性发出自己的声音。20 世纪 80—90 年代，第三波女性主义运动开始对之前的女性主义著作的本质主义话语提出挑战；那种本质主义话语将因循守旧的女性经验作为其中心原则。[①] 后女性主义的出现也对性别研究产生了影响，导致理论上的性别认同从固定的或本质主义的认同概念转向一种后现代的不固定的或多重的认同。近年来，后现代主义或后结构主义以及男性气质也得到了探讨。[②]

　　自 20 世纪 70 年代早期以来，探讨女性境遇与经验的学术研究就遭遇到不断增多的学科条件的限制。任何单一学科都无法回答女性主义分析所提出的问题，研究的主题无法与学科界限完美契合。[③] 许多关注知识形成的历史与理论的学者将现有

---

　　① Shona Bettany, Susan Dobscha, Lisa O'Malley and Andrea Prothero, 2010, p. 7.

　　② Wikipedia on Answers.com: Gender studies, http://www.answers.com/topic/gender-studies#ixzz1VpqzMqmr.

　　③ Judith A. Allen and Sally L. Kitch, Summer, 1998, p. 282.

的学科称为"假神明"（false gods），并指出这些学科中的多数存在了还不到一个世纪，并且仍处于持续的变化之中。事实上，在很多学科的发展过程中出现了很多变化，尤其是在自然科学领域。同样的，性别研究的多学科性或跨学科性也得到了很多评论者的推崇。

例如，帕特丽夏·甘姆波特（Patricia Gumport）认为跨学科是将个人的、政治的以及学术的兴趣整合入性别研究的最佳方式。朱丽·克莱恩（Julie Klein）则对此表示赞同，并指出跨学科承认"真实"问题的发生并不因循学科的界限，并由此将知识与行动合二为一，学术研究中的跨学科性是对社会问题跨学科性的反映。①

### 三　现状与趋势

遗传学与生殖技术的发展进一步推进跨学科方法在性别研究中占据的关键性地位。到了20世纪末，人们再也无法回避"新物种"的登堂入室——这种新物种将受"自然之躯"所困的人类的局限抛在身后。性别区分在这一新物种的文化建构中是否有意义，以及在女性主义视角下如何对此种文化建构产生影响，这两点都对性别研究带来了挑战——它们不仅对到目前为止行之有效的模式与思想提出质疑，还要求对性别研究课题中的学科界限加以摒弃。②

在过去的数十年中，性别研究作为一个学术领域，其数

---

① Judith A. Allen and Sally L. Kitch，Summer，1998，p. 282.
② Irene Dölling and Sabine Hark，Summer，2000，p. 1196.

量在中欧和东欧有了大幅增长。而在多数北美的高校以及很多西欧国家的高校中，性别研究是在20世纪70年代和80年代被引入学术界的；在中欧和东欧，这一状况则发生在20世纪90年代。[①]

过去的几十年见证了性别研究在所有研究领域中的增长，其中最主要的是在人文科学与社会科学领域。在这段时期中，性别研究领域内发生的重大变化——在理论的层面上和实践研究的背景下——被视为是该领域发展成熟的征兆。最初的"女性主义"宏大叙事在20世纪80年代遭到了各种各样的挑战，这使得在之后的多年中对于各种"女性主义"有了更为复杂的理解，其焦点在于应该如何从不同的学科、理论与方法论视角对性别进行审视。值得一提的是，在性别研究领域中已经达成了这样一种共识，即性别不能被单独审视，而是要在性别与其他社会分类——如种族、阶级和年龄等——之间关系的视角下对其进行研究。这种共识再次强化了该领域无论是在研究还是在教学方面的跨学科性质。[②]

性别研究在过去几十年的发展产生了这样一种观点，即不同的社会分类——如性别、种族、阶级、年龄和教育程度等——并不是简单地共存和相互影响，而是相互建构着对方。[③]

如今，女性研究与性别研究已经在许多层面上得以制度化。自1975年开始定期召开的联合国世界妇女大会以及《消

---

① https：//111.254.32.239/do/zaak/s-LeNmLQb/wD0y3/AtAY3CvB/s-rr.-U.rI/department-of-gender-studies.

② Ibid..

③ Ibid..

除一切形式的对妇女歧视公约》等文件的出现将女性的地位问题带入了国际视野，并敦促民族国家保护妇女的人权。在国家层面，致力于提高女性地位的非政府组织如雨后春笋般发展起来。

在地方层面，性别研究相关机构的成立、学术机构中相关研究项目的出现以及各种女性服务中心的建立将性别问题带入社会政策制定的视野之中。在虚拟的层面，与女性问题或性别问题研究相关的网站、论坛纷纷出现，为对在整个社会生活中性别问题的讨论提供了平台。性别研究已经重新构造了其自身，将女性置于中心位置。[1]一直以来，性别研究还推动了一些新的学术领域的产生，如酷儿研究、男性气质研究以及身体研究等。[2]到了 21 世纪的最初十年，性别研究仍处于生机勃勃的发展之中，尽管其发展方向和研究焦点仍难以确定。[3]

无论从社会的还是从文化的视角来看，性别都是人类社会的重要组织方式之一。在过去的几十年中，性别研究已经发展成为一个复杂且富于影响力的学科领域。性别研究中的理念，尤其是女性主义理论与实践，极大地改变了许多其他学科的认知方式。[4]将女性与性别研究在"科学领域"中重新定位的趋势目前已经越来越明显。随着性别研究制度化的发展，这一研

---

[1]　http：//www. answers. com/topic/study-of-gender＃ixzz1XKGaZlkQ.

[2]　https：//111. 254. 32. 239/do/zaak/s-LeNmLQb/wD0y3/AtAY3CvB/s-rr. -U. rI/department-of-gender-studies.

[3]　Gender Studies in the Twenty-First Century：An Interview with Christopher Lane and Alison Booth，http：//www. ncgsjournal. com/issue31/rosenman. htm.

[4]　Gender Studies，http：//www. vu. edu. au/unitsets/aspgen.

究领域也从边缘走向了中心。正在发生中的社会变革则影响到了当代社会的所有子系统。这一过程使性别研究不得不面对的任务是，检验其目前为止所利用的学科的或跨学科的进路是否足以对这些社会变化进行分析或表述。①

---

① Irene Dölling and Sabine Hark，Summer，2000，p. 1195.

# 主要参考文献

## 一 外文文献

Angelique Chettiparamb, *Interdisciplinarity: a literature review*, The Interdisciplinary Teaching and Learning Group, Subject Centre for Languages, Linguistics and Area Studies, School of Humanities, University of Southampton, 2007.

Catherine Lyall, Ann Bruce, Joyce Tait & Laura Meagher, Short Guide to Reviewing Interdisciplinary Research Proposals, The Institute for the Study of Science, Technology and Innovation (ISSTI): briefing note, 2007, in www. issti. ed. ac. uk/documents. php? item=22.

Centre National de la Recherche Scientifique, 2003, The CNRS interdisciplinary research programmes, in http: //www2. cnrs. fr/en/362. htm.

Committee on Facilitating Interdisciplinary Research, National Academy of Sciences, National Academy of Engineering, Institute of Medicine, 2004, *Facilitating Interdis-*

*ciplinary Research*, National Academies Press.

David L. Szanton, The Origin, Nature, and Challenges of Area Studies in the United States, in The Politics of Knowledge: Area Studies and the Disciplines, UCIAS Edited Volume 3, 2003, http://files. us. splinder. com/7e7e185d69201623a24f809208230bc2. pdf.

David Ludden, Area Studies in the Age of Globalization, in FRONTIERS: The Interdisciplinary Journal of Study Abroad, Winter 2000, http://www. sas. upenn. edu/~dludden/GlobalizationAndAreaStudies. htm.

DEA & FBE, 2008, Thinking Across Disciplines-Interdisciplinarity in Research and Education, http://fuhu. dk/filer/DEA/Publikationer/08 _ aug _ thinking _ across _ disciplines. pdf.

Development studies, in http://en. wikipedia. org/wiki/Development _ studies.

Diana Rhoten, 2004, Interdisciplinary Research: Trend or Transition, in Social Science Research Council: *Items & Issues*, Vol. 5, No. 1 – 2, in http://publications. ssrc. org/items/items _ 5. 1 – 2/interdisciplinary _ research. pdf.

European Union Research Advisory Board, 2004, Interdisciplinarity in Research, in http://ec. europa. eu/research/eurab/pdf/eurab _ 04 _ 009 _ interdisciplinarity _ research _ final. pdf.

Futurology, in http://zh. wikipedia. org/wiki/％E6％9C％

AA％E6％9D％A5％E5％AD％A6.

Futurology：Futures Studies，in http：//future. wikia. com/wiki/Futurology：_ Futures _ Studies.

Gabriele Griffin, Pam Medhurst &. Trish Green, Interdisciplinarity in Interdisciplinary Research Programmes in the UK, 2006, in http：//www. york. ac. uk/res/research-integration/Interdisciplinarity _ UK. pdf.

Gunilla Öberg, Facilitating interdisciplinary work：using quality assessment to create common ground, Published online：20 May 2008, in *Higher Education*, 2009, Vol. 57, Issue 4, in http：//www. springerlink. com/content/y4723915p775215n/fulltext. pdf.

H. Heckhausen, Discipline and Interdisciplinarity. In *Interdisciplinarity：Problems of Teaching and Research in Universities*, Paris：OECD, 1972.

Hem Raj Kafle, Media studies：Evolution and perspectives, in *Bodhi：An Interdisciplinary Journal*, Vol. 3, No. 1, 2009, http：//www. nepjol. info/index. php/BOHDI/article/view/2808/2492.

Henrik Bruun, Janne Hukkinen, Katri Huutoniemi &. Julie Thompson Klein, *Promoting Interdisciplinary Research*, *The Case of the Academy of Finland*, Publications of the Academy of Finland, 2005.

Irene Dölling and Sabine Hark, She Who Speaks Shadow Speaks Truth：Transdisciplinarity in Women's and Gender Studies, in *Signs*, Vol. 25, No. 4, Feminisms at a Millennium, Summer,

2000.

J. Eade and C. Mele (eds.), *Understanding the City: Contemporary and Future Perspectives*, Blackwell Publishing, 2002.

Jane Pilcher and Imelda Whelehan, *50 Key Concepts in Gender Studies*, Sage Publications, 2004.

Jeffrey Haynes, *Development Studies*, Polity Press, 2008.

Judith A. Allen and Sally L. Kitch, Disciplined by Disciplines? The Need for an Interdisciplinary Research Mission in Women's Studies, in *Feminist Studies*, Vol. 24, No. 2, 1998.

Julie T. Klein, *Crossing boundaries: knowledge, disciplinarities, and interdisciplinarities*, VA: University Press of Virginia, 1996.

Julie T. Klein, Evaluation of Interdisciplinary and Transdisciplinary Research, A Literature Review, in *American Journal of Preventive Medicine*, 2008, in http://cancercontrol.cancer.gov/brp/scienceteam/ajpm/Evaluation Interdisciplinary Transdisciplinary Research Literature Review. pdf.

Julie T. Klein, *Interdisciplinarity: History, Theory, and Practice*, Detroit: Wayne State University Press, 1990.

Katri Huutoniemi, Abstract of Chapter: Evalution of Interdisciplinary Research, in *Oxford Handbook of Interdisciplinarity*, 2007, in http://www. ndsciencehumanitiespolicy. org/oup 2/itoc/abstracts/Huutoniemi-Katri. pdf.

L. Grigg, Cross-Disciplinary Research: A Discussion Paper, Commissioned Report No. 61, Australian Research Council, 1999.

L. Grigg, R. Johnston & N. Milsom, 2003, Emerging Issues for Cross-Disciplinary Research: Conceptual and Empirical Dimensions, in http://www.dest.gov.au/sectors/research _ sector/publications _ resources/other _ publications/emerging _ issues _ for _ cross _ disciplinary _ research. htm.

Lisa R. Lattuca, *Creating Interdisciplinarity: Interdisciplinary Research and Teaching among College and University Faculty*, Nashville: Vanderbilt University Press, 2001.

Madeline Berma and Junaenah Sulehan, Being Multi-Disciplinary in Development Studies: Why and How, Akademika, 64, 2004.

Moti Nissani, Fruits, Salads, and Smoothies: A Working Definition of Interdisciplinarity, in *Journal of Educational Thought*, 29, 1995, http://www.is.wayne. edu/mnissani/PAGEPUB/SMOOTHIE. htm.

Narifumi Maeda Tachimoto, Discussion Paper No. 129: Global Area Studies and Fieldwork, December 2004, http://www.gsid. nagoya-u. ac. jp/bpub/research/public/paper/article/129. pdf.

OECD, *Interdisciplinary: Problems of Teaching and Research in Universities*, Paris: Organization for Economic Cooperation and Development, 1972.

Peter Wallensteen, The Growing Peace Research Agenda, Kroc Institute Occasional Paper♯21: OP: 4, December 2001, in http://www. janeliunas. lt/.../Wallensteen％ 20 （2001）％ 20-％20Growing％20peace％20research％20agenda. pdf.

Ronan Paddison（ed. ）, *Handbook of urban studies*, The Cromwell Press Ltd. 2001.

Sarah E. Fredericks, Religious studies, in http: //csid. unt. edu/files/HOI％20Chapters/Chapter _ 11 _ HOI. doc.

Shona Bettany, Susan Dobscha, Lisa O'Malley and Andrea Prothero, Moving beyond binary opposition: Exploring the tapestry of gender in consumer research and marketing, in *Marketing Theory*, Vol. 10, No. 1, 2010.

Stephen Rowland, *The Enquiring University*, Chapter 7: Interdisciplinarity, McGraw-Hill, 2006.

Stuart Cunningham, Collaborating across the Sectors, in http: // www. chass. org. au/papers/collaborations/Four _ Barriers. pdf.

Tanya Augsburg, *Becoming Interdisciplinary: An Introduction to Interdisciplinary Studies*, NJ: Kendall/Hunt Publishing; 2rd edition, 2006.

The Danish Business Research Academy, et al. Thinking Across Disciplines: Interdisciplinarity in Research and Education, in http: //fuhu. dk/filer/DEA/Publikationer/08 _ aug _ thinking _ across _ disciplines. pdf.

Veronica Boix Mansilla & Howard Gardner, Assessing Interdisci-

plinary Work at the Frontier: An Empirical Exploration of
"Symptoms of Quality", 2003, in http://www. good-
workproject. org/wp-content/uploads/2010/10/26-Assessing-
ID-Work-2 _ 04. pdf.

Veronica Boix Mansilla, Irwin Feller & Howard Gardner,
Quality assessment in interdisciplinary research and edu-
cation, in *Research Evaluation*, Vol. 15, No. 1, 2006.

William M. Bowen, Ronnie A. Dunn and David O. Kasdan,
What is "Urban Studies"? Context, Internal Structure,
and Content, in *Journal of Urban Affairs*, Vol. 32,
No. 2, 2010.

Междисциплинарные связи культурологии, http://www.
countries. ru/library/uvod/md. htm.

Склярова Д. А. Футурология: история и современность, http://
msu-research. ru/index. php/globalistycs/54-politglobalistics/
963-futurology.


## 二 中文文献

N. R. 霍曼等:《社会老年学:多学科的视角》,周云等译,中
国人口出版社 2007 年版。

S. 凯斯基南、H. 西利雅斯:《研究结构和研究资助的学科
界限变化——欧洲 8 国调查》,黄育馥摘译,载《国外社
会科学》2006 年第 2 期。

大卫·巴拉什、查尔斯·韦伯:《积极和平——和平与冲突研
究》,刘成等译,南京出版社 2007 年版。

麦克斯·穆勒：《宗教学导论》，陈观胜等译，上海人民出版社 2010 年版。

帕迪森编：《城市研究手册》，郭爱军等译，格致出版社 2009 年版。

伊利亚·T.卡萨文：《当代认识论中的跨学科观念》，萧俊明译，载《第欧根尼》2010 年第 2 期。

当代社会科学大词典编委会：《当代社会科学大词典》，南京大学出版社 1995 年版。

董之鹰：《21 世纪的社会老年学学科走向》，载《社会科学管理与评论》2004 年第 1 期。

郭庆光：《传播学教程》，中国人民大学出版社 1999 年版。

李小云主编：《普通发展学》，社会科学文献出版社 2005 年版。

林坚：《文化学：开拓跨学科研究领域》，载《中国交叉科学》第 2 卷，科学出版社 2008 年版。

刘小鹏、蔡晖：《中美主要资助机构支持交叉学科研究之比较》，载《中国基础科学》2008 年第 3 期。

牛可：《美国"地区研究的兴起"》，载《世界知识》2010 年第 9 期。

秦麟征：《未来学的发展与应用》，载《学习与思考》（中国社会科学院研究生院学报）1981 年第 3 期。

宋珮珮：《论国外老年学的学科体系》，载《国外医学社会医学分册》2011 年第 3 期。

佟新：《社会性别研究导论》（第二版），北京大学出版社 2011 年版。

邬沧萍、姜向群主编：《老年学概论》，中国人民大学出版社

2006 年版。

萧俊明：《文化转向的由来》，社会科学文献出版社 2004 年版。

邹穗：《当代发展研究理论的演变》，载《厦门大学学报》（哲
　　学社会科学版）2002 年第 5 期。

周朝成：《当代大学中的跨学科研究》，中国社会科学出版社
　　2009 年版。

# 后　记

　　知识和技术创新是人类经济与社会发展的重要动力和源泉。近年来科学技术发展的现实表明，技术进步不再是孤立的，而大多是依赖于早期的学术成就和不同学科之间的碰撞与融合，这种情况导致对跨学科、跨机构以及跨国家努力的需求。"一种经济的整体创新，表现为不再强烈地依赖于专业机构（如公司、研究所、大学等）的业绩，而是依赖于它们作为知识创造和使用的集合系统中的诸要素是如何相互作用的，依赖于它们与社会机制的互动。"[①] 而传统的学科化进路的知识生产模式，其优点和弊病如今都已显现得十分清楚。美国社会学学会（American Sociological Society）的创始人之一阿尔比恩·斯莫尔（Albion Small）早在 1910 年就明确指出："专门化的科学，不管是自然科学或是社会科学，不可避免地逐渐进入一个互不相关的科学的计件工作（piece-work）阶段，在这样一个分解的阶段，由于缺乏一致性，科学一如其早期阶段的

---

　　① L. Grigg, R. Johnston & N. Milsom, 2003, Emerging Issues for Cross-Disciplinary Research: Conceptual and Empirical Dimensions, p. 15, in http://www.dest.gov.au/sectors/research_sector/publications_resources/other_publications/emerging_issues_for_cross_disciplinary_research.htm.

肤浅所造成的结果一样，不能令人信服。也就是说，当时它有广度却无深度，而现在它有了深度而无广度。"①

从 20 世纪初期开始出现到 20 世纪中期开始蓬勃发展的跨学科研究和教育活动代表了对新型知识生产模式的积极探索，有的学者将后工业化时期新兴的知识生产方式总结为模式 2（Mode 2），以区别传统的模式（Mode 1），吉本斯等人认为新模式具有如下一些特点：知识产生于应用的背景下；研究工作的场所更为多样化，即有更多的组织参与研究活动；采用跨学科的方法和资源；以知识生产为目标的各种不同的技能和经验的组合；弱制度化的、临时的和变态分层（heterarchical）的组织形式；更大的社会问责和贯穿研究过程并影响研究结构的反思；以及不仅通过同行评议，而寻求更广泛社会构成基础的评议系统，依托更宽泛的"应用"标准的质量控制。②

针对 20 世纪跨学科活动的发展，学者克莱恩有过一段非常好的总结，她说：

　　学 生 与 他 们 的 老 师 、 研 究 者 与 学 者 、 工 作 人 员 与

---

① 转引自 Raymond C. Miller，Varieties of Interdisciplinary Approaches in the Social Sciences：A 1981 Overview，in *Issues in Integrative Studies*，1982，No. 1，pp. 1 - 37。还见于 www. units. muohio. edu/aisorg/pubs/issues/1 _ miller. pdf。

② 参见 Michael Gibbons，Camille Limoges et al. *The New Production of Knowledge：The Dynamics of Science and Research in Contemporary Societies*，SAGE Publications，1994。中译本，陈洪捷等译：《知识生产的新模式：当代社会科学与研究的动力学》，第 3—8 页。

普通百姓共同生活在一个问题的复杂性既需要特殊技能，也需要整合技能来解决的世界上，生活在一个所有文化边界的总体削弱正取消等级、混淆范畴、日趋模糊机构界线的时代。这一过程常被戏称为后现代主义，但这一过程早在"后现代主义"成为一个家喻户晓的词汇之前就已经存在了，它以旨在把学科重新情景化、削弱学科之间的界线、改变学科的身份的形式，已经持续了几乎有一个世纪之久。边界划分的经验教训是双重的，这些活动都逃脱不了知识—权力的动态关系，因为他们要拥有自己的合理性。然后，它们所带来的重新语境化，已同它们所使用的规则、编码及范畴一样，成为20世纪后半期重要的知识内容。①

20世纪学科知识的猛增和学科知识体系之间的张力刺激了跨学科研究的发展，而同时，知识专门化的发展趋势并没有减退，反而愈发加强，这表明学科并没有失去其生成新知识的能力，它仍然处于"显结构""第一原则"的地位，在不断面对来自学科权力的质问和挑战的情况下，跨学科研究自身也成为一个复杂的现实问题。从这一角度说，克莱恩等人对跨学科活动的理论总结也完全属于跨学科研究范畴。

在本书最初的论述中，我们曾提到人类对知识整全性的追求，从古至今，这种追求一直在延续，跨学科研究也可以视作是现代人在学科知识时代的这类新尝试。但正如学者默里

---

① Klein，1996，p.237，引自中译本第312—313页。

（Thomas H. Murray）所说："完美的知识是一种妄想，有缺陷的知识才是我们永恒的情形。"[①] 不管跨学科研究者如何自我期许或经受质疑，至少我们相信，跨学科研究有助于深化我们对学科知识和研究主题的认识、促进学科知识间的合作与相互影响、形成具有独创性的跨学科见解。[②] 这就足以让我们充分重视跨学科研究的价值。

　　另外，在全球知识经济发展的大背景下，跨学科研究正在演变成为科学研究、高等教育乃至企业活动的重要形式之一，不少发达国家的教育界和科研主导机构都针对本国的跨学科活动的状况开展了不同规模的调查，摸清情况，查找问题，并提出改进的措施和建议。这些发展现状以及相关的建议和措施不仅具有积极的政策意义，而且对于任何有意推进跨学科活动开展的国家或机构，也具有重要的参考价值，特别需要引起研究决策、资助和管理等相关领域的关注。

　　正是基于以上原因，促使本课题组申请并完成了"跨学科研究的理论与实践"这一课题。课题参与成员几乎完全是利用业余时间进行了此次课题的资料搜集和报告撰写工作。这本书就是课题组成员辛苦的最终成果，但它远未臻成熟，充其量，我们为对跨学科研究感兴趣乃至希望进一步对这一现象进行深入研究的学者和读者们提供了一些线索。

　　当然，我们并不是这一领域的拓荒者，其实，对跨学科研

---

　　① Thomas H. Murray，"Partial Knowledge."D. Callahan and B. Jennings (eds.) *Ethics, the Social Sciences, and Policy Analysis*，Plenum Press，1983. 转引自 Klein：1996，中译本第 293 页。

　　② 这也是克莱恩所说的"跨学科研究"三原则，见 Klein，1996，p.221。

究本身的研究也已成为 20 世纪末期以来学术界关注的热点之一。英语世界里，关注跨学科研究的学者和研究文献几乎可以用汗牛充栋来形容。其中，美国韦恩州立大学的朱丽·汤普森·克莱恩教授（Julie Thompson Klein）长期关注跨学科的理论与实践问题，她撰写的《跨学科性：历史、理论与实践》（*Interdisciplinarity*：*History*，*Theory*，*and Practice*，Detroit：Wayne State University Press，1990）、《跨越边界：知识、学科、学科互涉》（*Crossing Boundaries*：*Knowledge*，*Disciplinarities*，*and Interdisciplinarities*，Charlottesville，VA：University of Virginia Press，1996）等专著都已成为这一领域的经典读物。2008 年由美国德州大学阿灵顿分校跨学科研究系系主任艾伦·热普科（Allen F. Repko）撰写的《跨学科研究：过程与理论》（*Interdisciplinary Research*：*Process and Theory*，Sage）一书也堪称优秀代表。

随着国外跨学科研究的持续发展，国内学术界对这一领域的关注也与日俱增，科学学、管理学和教育学等领域中，跨学科的研究都是一个热点问题。1997 年，由中国社会科学院哲学所金吾伦先生主编的《跨学科研究引论》一书出版，对跨学科的历史、现状和未来发展作了较为系统的探讨，在理论和实践密切结合的基础上，对跨学科研究中的许多重大理论和现实问题进行了有深度的概括和系统的阐述。该书指出，伴随着经济社会重大问题的解决过程和有关此类问题重大决策的制定过程，跨学科研究必将进一步发展并日显其重要意义。近年，一些新的研究和论著也不断出现（如周朝成著《当代大学中的跨学科研究》，中国社会科学出版社 2009 年版），相关论文更是成倍增长，特别是进入 21 世纪的十多年来，国内越来越多的学者关注和研究跨学科问题。根据中国知网，使用检索词"跨学科研究"，对 1979—2010 年国内多种刊物上涉及跨学科研究的文章进行跨库检索，在检索到的 300 多篇文献中，属近十年来发表的有 200 多篇，约占 66％。同时，学术论文也呈现多主题、多角度、多学科参与的多样化研究态势。这一时期的主题范围更加广泛，具体涉及：对国外的跨学科研究状况的介绍；对跨学科活动的基本理论、组织管理和成果评价等问题的研究；利用跨学科研究方法开展研究的实证、案例的介绍、评论和研究；关于人文社会科学如何开展跨学科研究的理论思考；对教育领域内开展跨学科活动的分析和研究，等等。

　　本书的写作则大致按照如下思路展开。我们以文献研究为主要方法，重点根据国外研究跨学科活动的原著、论文以及各类网上资料和信息，就以下几个方面进行了考察：首先，力求对跨学科研究的历史发展进行描述，梳理有关跨学科的概念、定义和相关的理论阐述，对不同的观点和看法进行综述，包括涉及这些观点的争论和分歧，评析其中重大的理论发展；其次，对大型国际组织和机构，各国重要的学术机构和科研管理部门的网上信息进行搜集和分析，揭示其有关跨学科研究的要旨，掌握其具体的措施和政策，对跨学科活动的资助方式以及跨学科课题的管理和评估方法、人才培养等进行具体的介绍和分析；最后，典型的跨学科研究领域和重要的跨学科研究机构也是本书关注的一个方面，这些领域和机构代表了新的知识形成的路径和组织方式。

　　本书的写作大致分工如下，刘霓同志主持申报了资助本项研究的课题（中国社会科学院院重点项目）并主导了课题的最初设计，承担了第二章、第三章和第四章主要内容的撰写。唐磊同志撰写了第一章和后记，并与刘霓同志合作撰写了第二章，唐磊同志还对全书的结构规划、文字和体例的统一做了后期主要工作。陈源、高媛两位同志完成了第五章的撰写。另外，祝伟伟、贺慧玲两位同志曾参与第三章和第四章部分内容的撰写。由于经手多人，并且文稿的撰写也因日常的业务工作而延宕许久，致使书中难免有体例、文风不太一致的地方，疏漏之处更是难免。课题组成员诚恳地希望得到各界读者的批评与指正。